Inhalte gut sichern

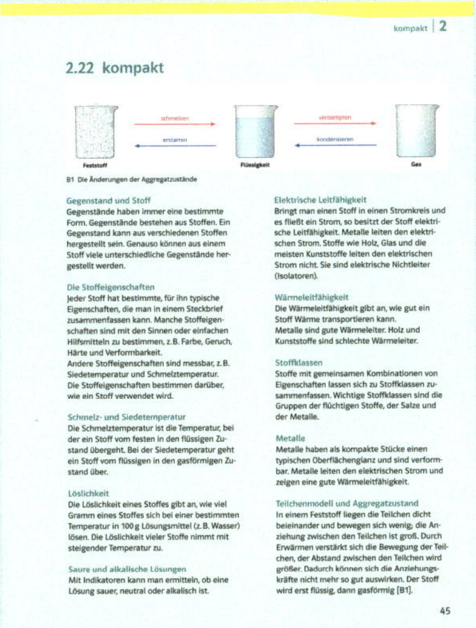

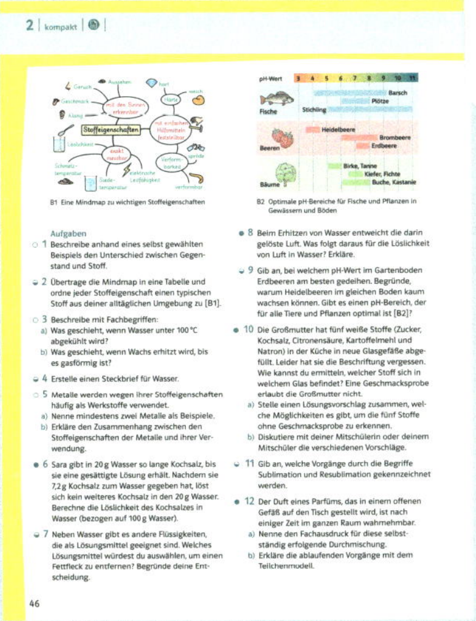

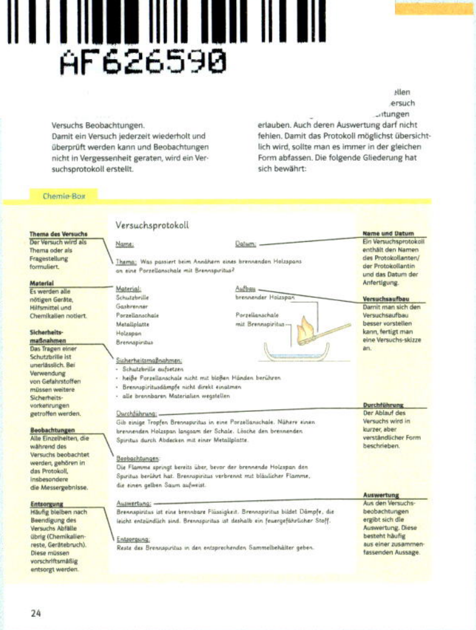

kompakt
Auf diesen Seiten findest du die wichtigsten Inhalte des Kapitels nochmals kurz zusammengefasst.

Training
Am Kapitelende befinden sich Aufgaben zum Üben. Die **Lösungen** dazu findest du unter den **Online-Materialien**.

Chemie-Box
Hiermit sind die notwendigsten Inhalte markiert, die du unbedingt für die Zukunft können solltest.

Sonderseiten

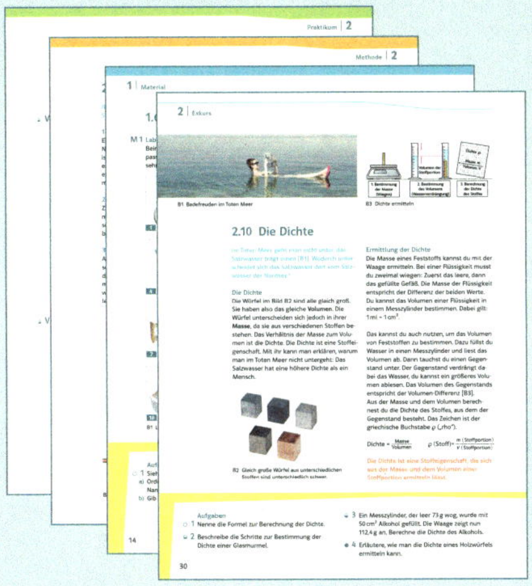

Praktikum-Seiten
Hier findest du die grundlegenden Versuche mit Anleitungen zum selbstständigen Experimentieren.

Methoden-Seiten
Hier lernst du zusammen mit den Inhalten auch die grundlegenden Arbeitsmethoden: Bedienen und Anwenden, Informieren und Recherchieren, Produzieren, Dokumentieren und Präsentieren, Kommunizieren und Kooperieren sowie Analysieren und Reflektieren.

Material-Seiten
Diese Seiten bieten komplexe Anwendungsaufgaben, mit deren Hilfe du das Gelernte sichern und vertiefen kannst.

Exkurs-Seiten und Info-Grafiken
Diese Seiten ergänzen die Fachinhalte mit Bezügen und Kontexten aus Umwelt, Technik, Geschichte usw.

Erklärung der weiteren Symbole

- **MK** Aufgaben oder Seiten zur Medienkompetenz
- **NE** Aufgaben oder Seiten zur Nachhaltigen Entwicklung
- Versuch für Schülerinnen und Schüler
- Versuch für Lehrkraft
- gefährlicher Versuch
- Video
- interaktive Übungen
- Dokument

Videos, interaktive Übungen und Dokumente zum Schulbuch online und in der App verfügbar!

1. Auf **schueler.klett.de** anmelden
2. Nutzer-Schlüssel oder QR Code einlösen
3. Digitale Medien online nutzen oder in die **Klett Lernen App** laden

Nutzer-Schlüssel
bhmg-M8G2-eNcV

Hinweise zu den Versuchen Vor der Durchführung eines Versuchs müssen mögliche Gefahrenquellen besprochen werden. Die geltenden Richtlinien zur Vermeidung von Unfällen beim Experimentieren sind zu beachten. Da Experimentieren grundsätzlich umsichtig erfolgen muss, wird auf die üblichen Verhaltensregeln und die Regeln für Sicherheit und Gesundheitsschutz nicht bei jedem Versuch gesondert hingewiesen.

Zu den Bildern auf dem Umschlag
Vorderseite: In Las Coloradas, einem Fischerdorf an der Nordküste der Halbinsel Yucatan in Mexiko, befindet sich eine große Salzproduktionsanlage und ein künstlich angelegter Salzsee, der in Mexiko einzigartige „Rosa See" („La Laguna Rosa"). Der See erhält seine leuchtend rosa Farbe vor allem durch eine bestimmte Algenart sowie Krebse und Mikroorganismen, die in dem sehr salzhaltigen Wasser gedeihen und zum Schutz vor dem Salzwasser Carotinoide produzieren. Der streng geschützte See ist eine beliebte Touristenattraktion. In der Gegend kann man auch Flamingos beobachten, die ihre rosa Farbe aus den Beutetieren im Rosa See beziehen.

Rückseite: Himalaya-Salz ist eine Art Steinsalz (Halitit bzw. in der Reinform Kochsalz Halit), das hauptsächlich in der Region Punjab in Pakistan abgebaut wird. Es wird von Hand gewonnen und als unraffiniertes Produkt erhalten. Es ist aufgrund von Spurenmineralien (z. B. Eisenoxid) oft rosa gefärbt und wird als Lebensmittelzusatz verwendet, um raffiniertes Speisesalz zu ersetzen, sowie zum Kochen und zur Präsentation von Lebensmitteln, für dekorative Lampen und für Wellnessbehandlungen. Dass Himalaya-Salz gesundheitliche Vorteile hat, ist nicht belegt.

1. Auflage 1 5 4 3 2 1 | 28 27 26 25 24

Autorinnen und Autoren: Paul Gietz und Christian Kirberger

Entstanden in Zusammenarbeit mit dem Projektteam des Verlages.

Gestaltung: KOMA AMOK, Stuttgart
Umschlaggestaltung: KOMA AMOK, Stuttgart
Titelbild: plainpicture GmbH & Co. KG RF, Hamburg (DEEPOL by plainpicture/Michael Malorny)
Satz: Satzkiste GmbH, Stuttgart
Druck: aprinta druck GmbH, Wemding

Printed in Germany
ISBN 978-3-12-757113-4

9 783127 571134

Elemente Chemie

5|6

mit Medien

Niedersachsen

Paul Gietz
Christian Kirberger

Ernst Klett Verlag
Stuttgart · Leipzig

 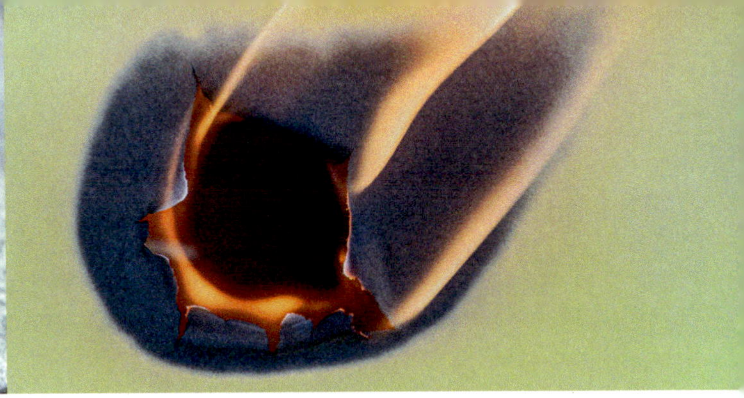

3 Mischen und Trennen

4 Verbrennung und chemische Reaktion

Anhang

Hinweise zu den Arbeitsaufträgen

In deinem neuen Chemie-Buch findest du eine Vielzahl von Aufgaben. Jede Aufgabe enthält einen klaren Arbeitsauftrag an dich, du musst ihn nur richtig erkennen. Je nach Formulierung erwartet deine Lehrerin oder dein Lehrer ganz unterschiedliche Antworten von dir. Diese Liste hilft dir, Arbeitsaufträge richtig zu verstehen und zu bearbeiten.

angeben/aufschreiben/aufzählen/nennen
Begriffe, Informationen oder Aussagen zusammentragen

auswerten
Ergebnisse und Schlüsse zum Beispiel aus einem Text oder Diagramm ziehen

begründen
Ursachen, Gesetze oder Beweise für etwas anführen

benennen/beschriften
Begriffe zuordnen

beschreiben
eine Sache durch Fachbegriffe und in eigenen Worten wiedergeben

beurteilen
erkennen, ob eine Aussage zutrifft, und das Ergebnis begründen

bewerten/Stellung nehmen
dir eine eigene Meinung bilden, begründen und äußern, wie du zu dem Sachverhalt stehst (gut oder schlecht)

darstellen
ein Ergebnis umfassend präsentieren

diskutieren
Meinungen austauschen, einander gegenüberstellen und abwägen

dokumentieren/protokollieren
alles Wichtige zu einem Thema oder Versuch aufschreiben und aufzeichnen

eine Vermutung anstellen
überlegen, was das Ergebnis sein könnte

einen Versuch planen
überlegen, wie ein Versuch aufgebaut, durchgeführt und ausgewertet werden könnte

erklären
eine Sache mit Regeln, Gesetzmäßigkeiten oder Ursachen darstellen

erläutern
eine Sache nachvollziehbar und verständlich darstellen

präsentieren
ein Referat, ein Plakat oder das Ergebnis einer Gruppenarbeit vorstellen

recherchieren
zu einem bestimmten Thema Informationen sammeln

skizzieren
eine Zeichnung erstellen, die nur das Wichtigste enthält

(über)prüfen
kontrollieren, ob Regeln, Inhalte oder Aussagen zutreffen

untersuchen
mit Fragen oder Versuchen herausfinden, ob bestimmte Merkmale und Fakten passen

vergleichen
Dinge in Beziehung setzen und erkennen, was gleich, ähnlich oder unterschiedlich ist

zusammenfassen
Wichtiges herausschreiben oder wiedergeben

1 Sicher experimentieren

Im Alltag und im Labor gibt es viele Stoffe, von denen Gefahren ausgehen. Bei der Verwendung dieser Stoffe muss man vorsichtig sein und über mögliche Risiken Bescheid wissen.

B1 Experimentieren im Fachraum

B2 Der Chemie-Fachraum ist besonders eingerichtet.

1.1 Grundregeln des Experimentierens

Experimente gehören zur Chemie und machen Freude. Unvorsichtiges Arbeiten kann zu Unfällen führen. Daher gibt es Regeln und Versuchsanleitungen. Diese Regeln betreffen das Verhalten im Fachraum und den Umgang mit Geräten und Chemikalien.

Verhalten im Chemieraum

In Chemieräumen darf man sich nicht ohne Aufsicht durch eine Lehrkraft aufhalten. Versuchsapparaturen, Experimentiergeräte und Chemikaliengefäße sowie Armaturen werden erst nach Anweisung der Lehrkraft benutzt. Es ist wichtig zu wissen, wo sich die **Sicherheitseinrichtungen** befinden und wie sie zu bedienen sind [B3].

In Experimentierräumen darf nicht gegessen und getrunken werden. Anweisungen der Lehrkraft müssen befolgt werden.

Die Sicherheitseinrichtungen des Chemieraumes müssen allen Schülerinnen und Schülern vertraut sein.

Vor der Versuchsdurchführung

- Die Versuchsanleitung genau lesen und die Durchführung besprechen.
- Brenner, Geräte und Chemikalienbehältnisse in der Mitte des Tisches bereitstellen, Geräte gegen das Herabfallen sichern.
- Die Schutzbrille und bei Bedarf Schutzhandschuhe bereitlegen.

NOT-AUS-Schalter	Telefon	Augendusche	Erste-Hilfe-Kasten	Feuermelder	Feuerlöscher	Feuerlöschdecke

Unterbricht die Strom- und Gaszuführungen	In Notfällen diese Nummer wählen: 110, 112	Spritzer oder Fremdkörper ausspülen	Verbandsmaterial für Verletzungen	Bei einem großen Brand die Feuerwehr rufen	Kleine Brände selbst bekämpfen	Brennende Person einhüllen

B3 Sicherheitseinrichtungen im Fachraum

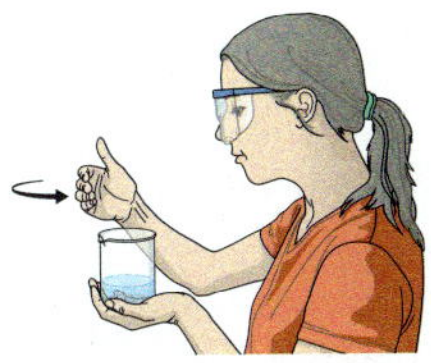

B4 Geruchsproben durch Zufächeln mit der Hand

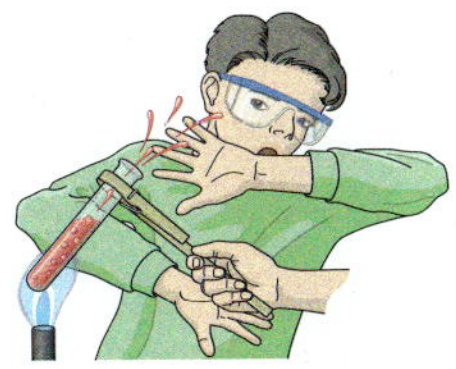

B5 Reagenzglasöffnungen niemals auf Personen richten!

B6 Abgießen von Flüssigkeiten

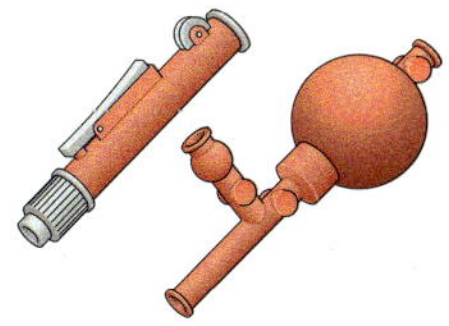

B7 Pipettierhilfen zum Entnehmen flüssiger Stoffe

- Längere Haare zusammenbinden.
- Mit der Versuchsdurchführung erst nach der Aufforderung durch die Lehrkraft beginnen.

Auf die Versuchsdurchführung bereitet man sich sorgfältig vor.

Regeln beim Experimentieren

Beim Experimentieren wird grundsätzlich eine Schutzbrille getragen, oft auch werden Schutzhandschuhe und Schutzkleidung benutzt. Man beginnt erst mit der Durchführung des Experiments, wenn die Lehrkraft den Versuchsaufbau überprüft hat.
Es gibt viele Stoffe, die Vergiftungen verursachen, selbst wenn sie nur in geringen Mengen in den Körper gelangen. Geschmacksproben sind verboten! Geruchsproben darf man nur durchführen, wenn die Lehrkraft dazu auffordert [B4].
Werden Flüssigkeiten im Reagenzglas erhitzt, kann es leicht zum plötzlichen Herausspritzen kommen (Siedeverzug). Das Reagenzglas wird daher nur etwa zu einem Drittel gefüllt und beim Erhitzen hin- und herbewegt (geschüttelt). Die Öffnung des Reagenzglases nie auf andere Personen richten [B5]!

Beim Experimentieren wird eine Schutzbrille getragen.

Umgang mit Chemikalien

- Chemikalien sparsam gebrauchen.
- Entnahme von Chemikalien: Die Flasche mit dem Etikett zur Handfläche ergreifen und öffnen; den Stopfen umgekehrt auf den Tisch legen, nach der Entnahme die Flasche sofort wieder verschließen [B6].
- Feste Stoffe mit einem Spatel oder einem Spatellöffel entnehmen. Flüssige Stoffe entnimmt man mit einer Pipette mit Saughütchen oder einer Pipettierhilfe [B7].

Nach der Versuchsdurchführung

- Chemikalienreste in Abfallgefäße geben.
- Gebrauchte Gefäße sorgfältig spülen, trocknen und wegräumen.
- Beschädigungen der Lehrkraft melden.
- Prüfen, ob Gas- und Wasserhähne geschlossen sind.
- Hände waschen.

Aufgaben

○ **1** Beschreibe die Auswirkungen, die das Drücken des NOT-AUS-Schalters hat.

◒ **2** Warum muss eine Geruchsprobe durch Zufächeln und nicht durch direktes Einatmen durch die Nase durchgeführt werden? Begründe.

◒ **3** An Sicherheitseinrichtungen darf auf keinen Fall herumgespielt werden. Begründe.

◒ **4** Stelle Vermutungen an, warum es sinnvoll ist, Experimente im Stehen durchzuführen.

B1 Experimentieren mit dem Brenner muss man lernen.

B2 Drei unterschiedliche Brennerflammen

1.2 Der Gasbrenner

Bei vielen Versuchen benutzt man einen Gasbrenner als Wärmequelle. Er wird an eine Gasleitung angeschlossen, durch die ein brennbares Gas in das Brennerrohr strömt. Nach dem Entzünden des Gases können unterschiedliche Flammen eingestellt werden.

Aufbau und Funktionsweise des Teclubrenners

Ein häufig verwendeter Gasbrenner ist der **Teclubrenner** [B3]. Im Brennerrohr vermischt sich das Gas mit Luft. Das Gemisch aus Gas und Luft wird entzündet.
Durch die feine Gasdüse strömt das Gas in das Brennerrohr ein und zieht die Luft mit. Je weiter die Schraube des Luftreglers nach unten gedreht wird, umso mehr Luft strömt von der Seite in das Brennerrohr ein. Die Menge des einströmenden Gases wird mit dem Gasregler eingestellt.

Anschließen des Gasbrenners an das Gasnetz

Der Gasbrenner wird über einen Sicherheitsschlauch und über ein Sicherheitsventil an das Gasnetz angeschlossen [B3].
Durch Drücken und Drehen nach links öffnet sich die Gaszufuhr am Gashahn. Durch Drehen nach rechts schließt sie sich.

Entzünden des Gasbrenners

Setze immer eine Schutzbrille auf, bevor du den Gasbrenner entzündest. Der Brenner sollte sicher in der Tischmitte stehen. Verbinde den Gasschlauch fest mit der Gasleitung am Tisch. Achte darauf, dass beim Entzünden des Gases die Luftzufuhr geschlossen ist. Wird der Gasbrenner nicht mit Erdgas, sondern mit Propangas betrieben, muss die Luftzufuhr leicht geöffnet sein.

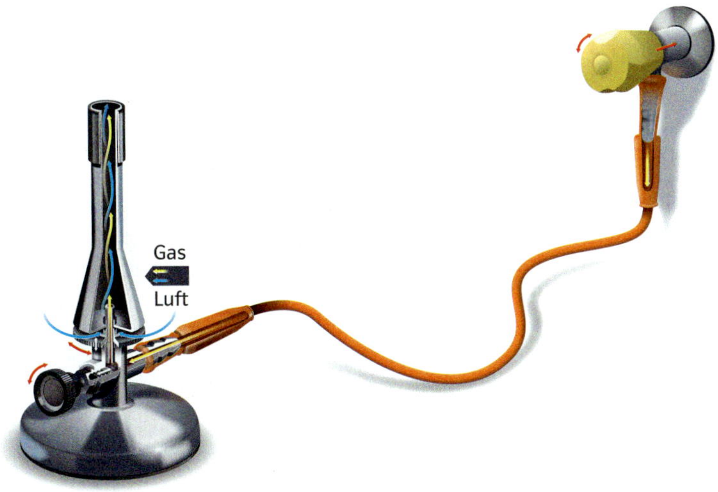

B3 Aufbau des Teclubrenners

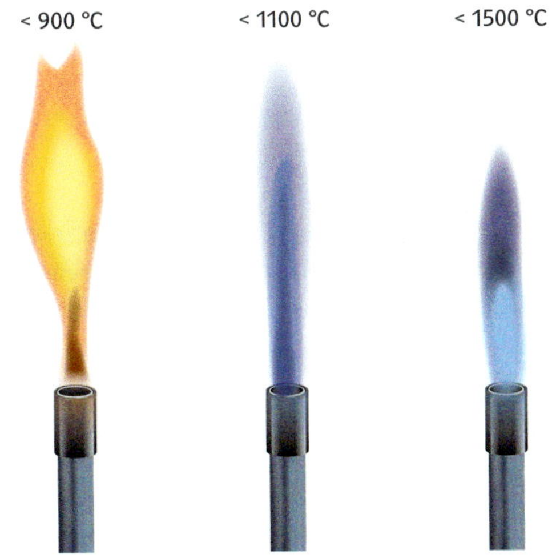

B4 Flammentypen des Teclubrenners

Einstellen der Flammentypen

Wenn du die Luftzufuhr am Gasbrenner schließt, entsteht eine gelb leuchtende Flamme, die stark rußt. Drehst du die Schraube am Brennerrohr nach unten, entsteht eine nicht leuchtende Flamme. Mit dieser Flamme wird in den meisten Fällen gearbeitet. Ist die Luftzufuhr ganz geöffnet, entsteht eine sehr heiße, rauschende Flamme [B2, B4].

Bedienungsfehler

Wenn du bei der nicht leuchtenden oder rauschenden Flamme die Gaszufuhr verminderst, kann sich die Flamme in das Brennerrohr bis zur Gasdüse zurückziehen und dort weiter brennen. Dabei wird dann das Brennerrohr sehr heiß und du kannst dir die Finger schmerzhaft verbrennen. In diesem Fall muss die Gaszufuhr am Brennertisch sofort geschlossen werden.

Nach dem Abkühlen des Brennerrohres und Schließen der Luftzufuhr kannst du den Gasbrenner erneut in Betrieb nehmen.

Nach dem Erhitzen mit dem Gasbrenner

Schließe nach Ende des Versuchs zuerst die Luftzufuhr am Gasbrenner, dann die Schraube der Gasregulierung des Gasbrenners. Drehe zuletzt die Gaszufuhr am Arbeitstisch zu.

Über die Luftzufuhr kann man am Gasbrenner eine leuchtende, eine nicht leuchtende oder eine rauschende Flamme einstellen. In der Regel erhitzt man mit der nicht leuchtenden Flamme.

Aufgaben

○ **1** Nenne Sicherheitsmaßnahmen für das Entzünden des Brenners.

○ **2** Beschreibe, wie du die unterschiedlichen Flammentypen am Gasbrenner einstellen kannst.

◒ **3** Erkläre, warum die leuchtende Flamme für die Arbeit im Labor nicht geeignet ist.

◒ **4** Beim Arbeiten mit dem Gasbrenner darf auf keinen Fall unbemerkt Gas ausströmen. Begründe.

◒ **5** Erläutere, weshalb man immer im Stehen mit dem Gasbrenner arbeiten sollte.

● **6** Kerzenflammen kann man auspusten. Begründe, warum man das bei der Flamme des Gasbrenners nicht tun darf.

1.3 Experimente mit dem Gasbrenner

Es braucht Übung, um mit dem Gasbrenner sicher zu experimentieren.

V1 Richtiges Bedienen des Gasbrenners

Material: Schutzbrille, Haarband (bei langen Haaren), Gasbrenner, Gasanzünder

Durchführung:

a) Setze die Schutzbrille auf und binde lange Haare zusammen.
b) Schließe am Gasbrenner die Gaszufuhr und die Luftzufuhr.
c) Stelle den Gasbrenner standsicher vor dich auf den Tisch und verbinde den Gasschlauch mit der Gasversorgung am Tisch.
d) Öffne die Gaszufuhr am Tisch.
e) Öffne jetzt die Schraube zur Gasregulierung und entzünde das ausströmende Gas sofort. Achte darauf, dass dein Kopf nicht über dem Gasbrenner ist.
f) Öffne die Luftzufuhr und schließe sie wieder.
g) Schließe zum Löschen des Gasbrenners zuerst die Gaszufuhr am Brenner und dann die Gaszufuhr am Tisch. Nimm anschließend den Gasschlauch von der Gasversorgung ab.

V2 Untersuchung der Flammenzonen

Material: Schutzbrille, Gasbrenner, Gasanzünder, Magnesiastäbchen, Holzstäbchen

Durchführung:

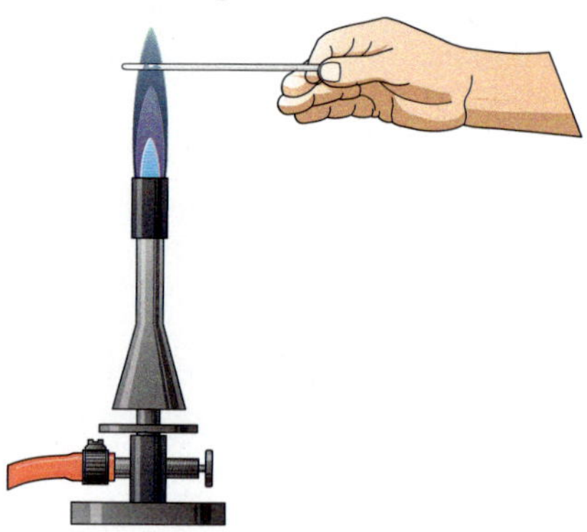

B1 Erhitzen eines Magnesiastäbchens

a) Stelle die rauschende Flamme ein. Halte das Magnesiastäbchen in verschiedenen Höhen in die Flamme.
b) Führe das Holzstäbchen waagerecht durch den unteren Bereich der rauschenden Flamme. Arbeite rasch und achte darauf, dass das Stäbchen kein Feuer fängt.

Aufgaben:

1. Notiere sorgfältig deine Beobachtungen.
2. Stelle eine Vermutung auf, wie deine Beobachtungen mit der Temperatur der Flamme zusammenhängen.

V3 Erhitzen von wenig Wasser

Material: Schutzbrille, Gasbrenner, Gasanzünder, Reagenzglasgestell, Reagenzglashalter, Reagenzglas, Siedesteinchen, Wasser

Durchführung:

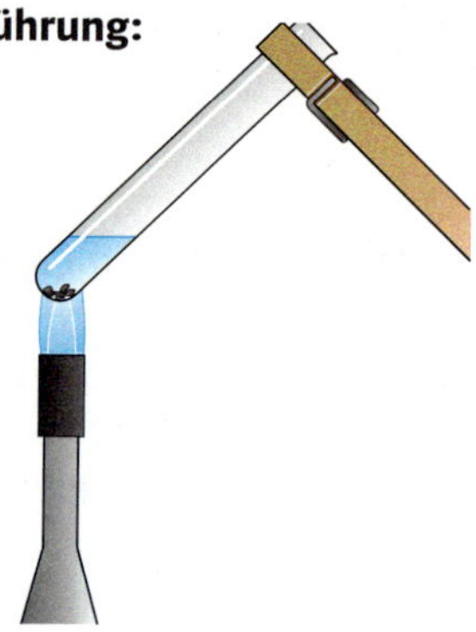

B2 Wasser mit Siedesteinchen erhitzen

a) Fülle ein Reagenzglas zwei Finger breit mit Wasser und füge 4 bis 5 Siedesteinchen hinzu. Die Siedesteinchen helfen, einen Siedeverzug zu vermeiden.
b) Stelle die nicht leuchtende Flamme am Gasbrenner ein.
c) Halte das Reagenzglas leicht schräg und achte darauf, dass die Öffnung auf keine Person zeigt.
d) Erhitze das Wasser bis zum Sieden. Bewege das Reagenzglas dabei ein wenig, um einen Siedeverzug (plötzliches Aufschäumen) zu vermeiden.

Aufgabe:

1. Beschreibe Maßnahmen, um einen Siedeverzug beim Erhitzen von Flüssigkeiten zu vermeiden.

1.4 Einfache Glasgeräte selbst herstellen

Es macht Freude, sich einfache Glasgeräte herzustellen. Man kann sich aber auch leicht schneiden oder verbrennen!

V1 Glasrohre ritzen, brechen, rundschmelzen

Material: Schutzbrille, Gasbrenner, Gasanzünder, 2 Tücher, Glasrohr (3 – 6 mm), Glasschneider (oder Feile)

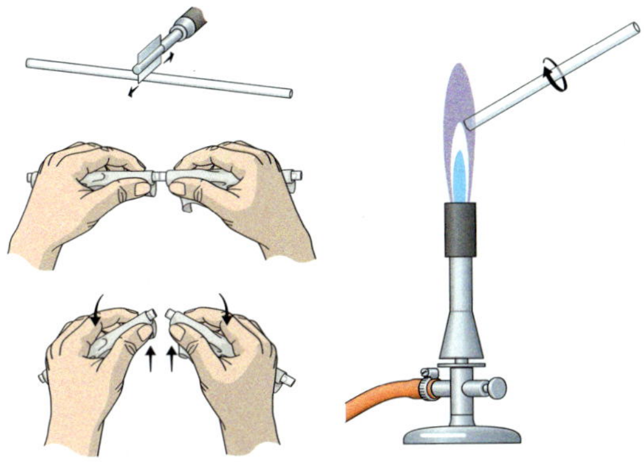

B1 Glarohr ritzen, brechen und Glarohr rundschmelzen

Durchführung:

a) Ritze das Glasrohr an einer Stelle mit einem Glasschneider ein. Umwickle das Glasrohr auf beiden Seiten mit einem Tuch. Nimm das Glasrohr zwischen beide Hände und brich die Teile auseinander (Bewegung vom Körper weg)!

b) Drehe mit möglichst gleichmäßiger Geschwindigkeit die scharfkantigen Enden des Glasrohrs am Rande der rauschenden Flamme [B1 rechts]. Lege das rundgeschmolzene Glasrohr dann auf eine feuerfeste Unterlage. Prüfe nach dem Erkalten, ob die Kanten wirklich rundgeschmolzen sind. Wiederhole ansonsten den Vorgang.

V2 Herstellen eines Winkelrohres

Material: Schutzbrille, Gasbrenner, Gasanzünder, rundgeschmolzenes Glasrohr

Durchführung:

Erhitze ein Stück Glasrohr in der Mitte. Drehe dabei das Glasrohr in der rauschenden Flamme. Wenn es auf einer längeren Strecke erweicht ist, nimm es aus der Flamme.
Biege dann außerhalb der Flamme einen Winkel von 90°.
Beim Biegen muss das Glasrohr an beiden Enden zum Körper hin gezogen werden. Lass das Winkelrohr auf der Unterlage abkühlen.

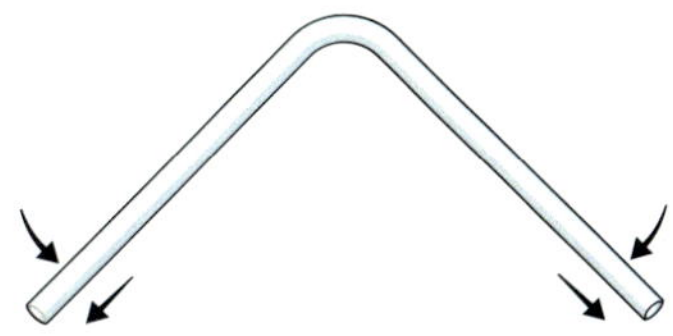

B2 Ein Winkelrohr biegen

V3 Herstellen einer Tropfpipette

Material: Schutzbrille, Gasbrenner, Gasanzünder, rundgeschmolzenes Glasrohr, Zange, 2 Gummihütchen

Durchführung:

Erwärme die Mitte eines rundgeschmolzenen Glasrohres in der rauschenden Flamme. Drehe das Glasrohr, bis es weich ist. Ziehe dann außerhalb der Flamme die beiden Enden des Glasrohres auseinander.
Durchtrenne nach dem Erkalten die beiden Enden mit einer Zange und runde scharfkantige Stellen ab.
Setze auf die Enden des Glasrohrs ein Gummihütchen. So erhältst du zwei kleine Tropfpipetten.

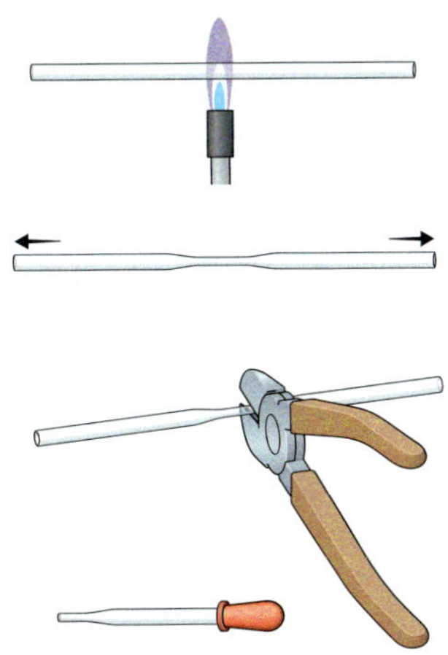

B3 Glasrohr dünnziehen und brechen

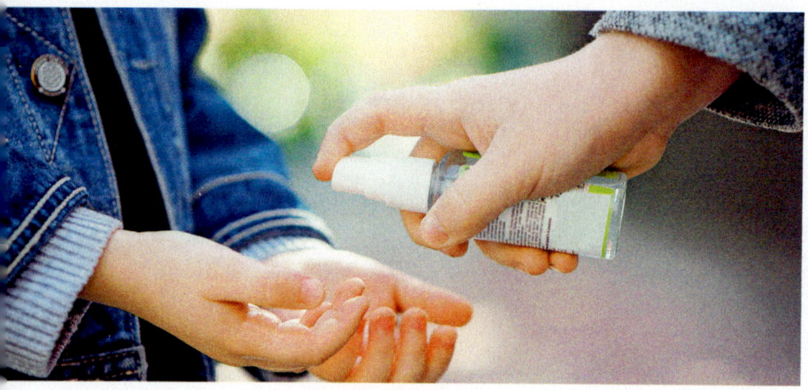

B1 Hände werden mit einem Desinfektionsmittel gereinigt.

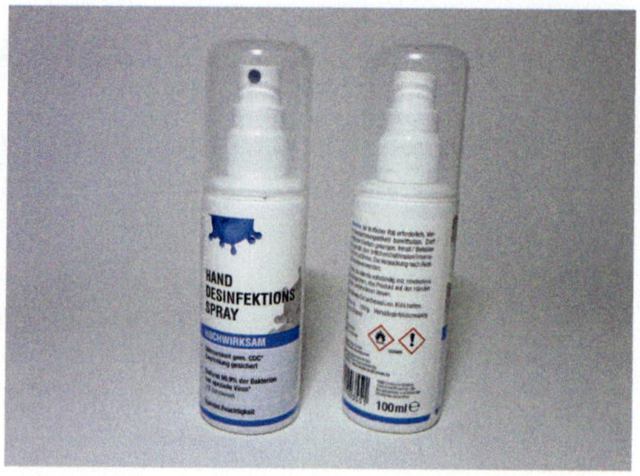

B2 Desinfektionsmittel mit Sicherheitshinweisen

1.5 Richtiger Umgang mit Gefahrstoffen

Auf dem Bild B2 ist der Behälter eines Handdesinfektionsmittels mit der Vorder- und Rückseite abgebildet. Auf der Rückseite befinden sich farbige Symbole für Gefahren, die mit dem Desinfektionsmittel verbunden sind. Ein solches Gefahrensymbol weist auf einen Gefahrstoff hin.

Gefährdung durch Chemikalien

Zahlreiche Chemikaliengefäße fallen durch farbige Symbole auf ihren Etiketten auf. Diese Symbole werden Gefahrenpiktogramme genannt. Stoffe, die mit einem solchen Symbol gekennzeichnet sind, nennt man **Gefahrstoffe**. Gesundheitsgefährdende Stoffe können durch Einatmen, Verschlucken oder sogar die Haut in den Körper gelangen. Vor solchen Stoffen schützen eine Schutzbrille und Schutzhandschuhe. Um seine Haut besser vor Gefahrstoffen zu schützen, sollte man noch einen Kittel anziehen [B4].

Das Sicherheitsetikett

Auf Behältern mit Gefahrstoffen findet man besondere Etiketten, die Hinweise für den sicheren Umgang mit diesen Stoffen enthalten [B3]. Meist findet man auf ihnen vier Angaben: **Gefahrenpiktogramme**, **Signalwörter**, **Gefahrenhinweise** und **Sicherheitshinweise**.

Die Gefahrenpiktogramme

Ein Gefahrenpiktogramm [B5] umfasst häufig mehrere **Gefahrenklassen**. So kann z. B. das Gefahrenpiktogramm GHS05 bedeuten,

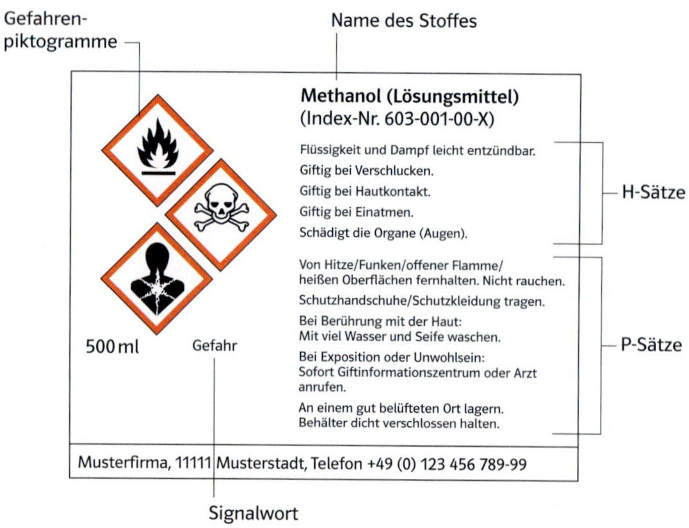

B3 Ein Sicherheitsetikett

B4 Aufnahme von Gefahrstoffen

Piktogramm	Bezeichnung	Gefahrenklasse
	GHS01 (Explosive Bombe)	– Explosive Stoffe – Selbstzersetzliche Stoffe – …
	GHS02 (Flamme)	– Entzündbare Flüssigkeiten – Entzündbare Gase – …
	GHS03 (Flamme über einem Kreis)	– Entzündend wirkende Flüssigkeiten und Feststoffe – Entzündend wirkende Gase
	GHS04 (Gasflasche)	– Unter Druck stehende Gase
	GHS05 (Ätzwirkung)	– Metallkorrosiv – Hautätzend – Hautreizend – Schwere Augenschädigung
	GHS06 (Totenkopf mit gekreuzten Knochen)	– Akute Toxizität
	GHS07 (Ausrufezeichen)	– Hautreizend – Augenreizend – Sensibilisierung der Haut – …
	GHS08 (Gesundheitsgefahr)	– Krebserzeugend – Erbgutverändernd – …
	GHS09 (Umwelt)	– Gewässergefährdend

B5 Gefahrenpiktogramme und ihre Bedeutung

dass der Stoff zur Gefahrenklasse „Metallkorrosiv“, „Hautreizend“, „Hautätzend“ oder „Schwere Augenschädigung“ gehört.

Signalwörter

Signalwörter geben Auskunft über das Ausmaß der Gefährdung.
Es gibt zwei unterschiedliche Signalwörter:

- **Gefahr** für schwerwiegende Gefahren
- **Achtung** für weniger schwere Gefahren

Gefahrenhinweise – Sicherheitshinweise

H-Sätze weisen auf die besonderen Gefahren beim Umgang mit Gefahrstoffen hin (engl. hazard: Gefahr).

Die P-Sätze enthalten **Sicherheitshinweise** (engl. precautionary: vorbeugend). P-Sätze geben Ratschläge für den sicheren und sachgerechten Umgang mit einem Gefahrstoff.

Entsorgung von Gefahrstoffen

Gefahrstoffreste, die nach einem Experiment übrig bleiben, werden in ein dafür vorgesehenes und gekennzeichnetes Sammelgefäß gegeben. Reste von Gefahrstoffen im Haushalt werden bei einem Schadstoff-Mobil oder bei einer Sammelstelle abgegeben.

Gefahrstoffe sind durch Gefahrenpiktogramme und Signalwörter gekennzeichnet. H-Sätze informieren über besondere Gefahren. P-Sätze geben Ratschläge für den sicheren und sachgerechten Umgang.

Aufgaben

○ **1** Zähle vier Angaben auf, die ein Chemikalien-Etikett aufweisen muss

○ **2** Erläutere den Unterschied zwischen einem H- und einem P-Satz.

○ **3** Nenne verschiedene Möglichkeiten, wie du dich vor Gefahrstoffen schützen kannst.

◒ **4** Beim Experimentieren werden immer möglichst kleine Chemikalienmengen verwendet. Gib unterschiedliche Gründe dafür an.

◒ **5** Für den Fall, dass bei einem Gemisch beide Signalwörter in Frage kommen, wird nur das Signalwort „Gefahr“ verwendet. Begründe.

1.6 Der Weg zum Laborschein

M 1 Laborgeräte sicher kennen

Beim Experimentieren sollte man immer die passenden Geräte einsetzen. Es gibt viele und sehr unterschiedliche Geräte.

B1 Laborgeräte

M 2 Umgang mit einer Laborwaage

Zum Wiegen von Stoffportionen ist eine Waage notwendig. Für den Einsatz muss man sich mit den Tasten On / Off und Tara vertraut machen. Mit „On“ wird die Waage eingeschaltet, mit „Off“ ausgeschaltet. Stellt man ein leeres Behältnis, z. B. ein Becherglas, auf die Waage, so zeigt diese die Masse des Becherglases an. Drückt man anschließend die Tara-Taste, zeigt die Waage Null an. Füllt man anschließend das Wägegut (z. B. einen Spatellöffel Salz) in das Becherglas, so zeigt die Waage die Masse der Salzportion an. Mit dem Einsatz der Tara-Taste kann man also nur die Masse der gewünschten Stoffportion bestimmen, ohne die Masse des Wägegefäßes zu berücksichtigen.
Zum Wiegen einer Stoffportion nutzt man Filterpapier als Unterlage oder ein Wägegefäß. Eine Laborwaage weist einen Wägebereich (z. B. 200 g), der nicht überschritten werden darf, und eine Ablesegenauigkeit (z. B. 0,1 g) auf. Laborwaagen sind Präzisionsinstrumente, die sorgfältig zu behandeln sind.

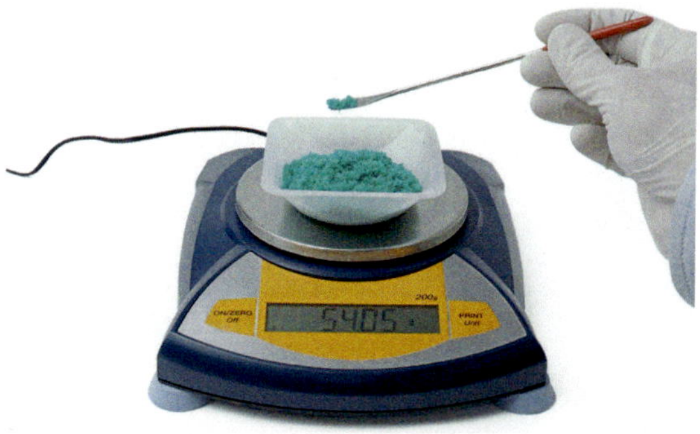

B2 Laborwaage

Aufgaben

○ **1** Sieh die Laborgeräte in M1 an.

a) Ordne jedem Gerät (▻ B1 – 12) den richtigen Namen zu, nimm dazu die Seite 87 zu Hilfe.

b) Gib an, wozu man das jeweilige Gerät braucht.

◒ **2** Untersuche, wie die Laborwaage des Fachraums funktioniert.

a) Erkläre einer Mitschülerin oder einem Mitschüler die Bedienung der Waage.

b) Wiege in einer Porzellanschale genau 5 Gramm Kochsalz ab.

c) Finde heraus, wodurch die Waage negative Werte anzeigen kann. Beschreibe.

M 3 Vom realen Gegenstand zur Schnittzeichnung

Geräte und Apparaturen lassen sich mit Schnittzeichnungen einfacher und übersichtlicher darstellen [B3].

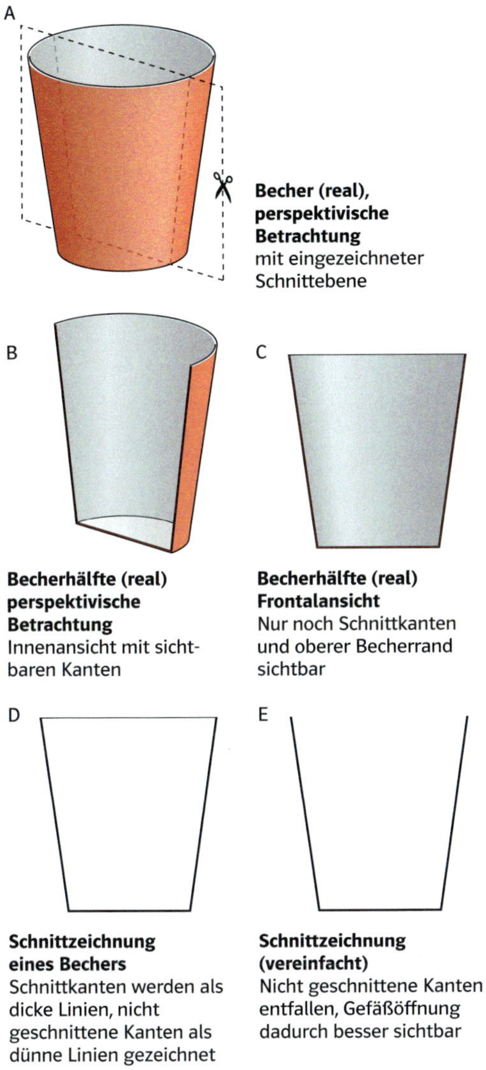

B3 Anfertigen einer Schnittzeichnung

M 4 Herstellen eine farbigen Lösung

Mit den folgenden Materialien kannst du eine farbige Lösung herstellen: Dreifuß, Keramik-Drahtnetz, Gasbrenner, Gasanzünder, Becherglas (250 ml), Glasstab, Spatellöffel, Currypulver, Wasser

B4 Currypulver

Dein Laborschein

Hast du alle Aufgaben erfolgreich bearbeitet, erhältst du von deiner Chemielehrerin oder deinem Chemielehrer den Laborschein. Dieser berechtigt dich zum Experimentieren im Unterricht.

(Name der Schule)
Laborschein
für
(Name der Schülerin/des Schülers)
(Klasse)
Hiermit wird bescheinigt, dass du an Schülerübungen teilnehmen darfst!
(Unterschrift)

Peter-Weiss-Gymnasium
(Name der Schule)
Laborschein
für
Lena Müller
(Name der Schülerin/des Schülers)
Klasse 6
(Klasse)
Hiermit wird bescheinigt, dass du an Schülerübungen teilnehmen darfst!
(Unterschrift)

B5 Beispiel für einen Laborschein

Aufgaben

3

a) Hole fünf verschiedene Laborgeräte aus dem Materialschrank und erstelle zu jedem Laborgerät mithilfe von M3 eine Schnittzeichnung.

b) Benenne die Geräte mithilfe der Seite 87 und beschrifte die Schnittzeichnungen.

4 Stelle die in M4 aufgeführten Materialien auf den Labortisch.

a) Baue die Versuchsapparatur aus den Materialien in M4 auf und rühre eine kleine Portion Currypulver in warmes Wasser ein.

b) Fertige eine Schnittzeichnung der Versuchsapparatur an.

1.7 kompakt

Experimentierregeln

- Informiere dich über die Sicherheitseinrichtungen im Chemieraum.
- Trage beim Experimentieren immer eine Schutzbrille.
- Lies die Versuchsanleitung genau, kläre offene Fragen vor dem Experimentieren.
- Achte auf Ordnung und Sauberkeit, arbeite exakt, beobachte sorgfältig.
- Gefährde deine Mitschüler und Mitschülerinnen nicht, halte die Reagenzglasöffnung immer von ihnen weg.
- Gefährde auch dich selbst nicht, führe Geruchsproben äußerst vorsichtig durch.
- Experimentiere mit möglichst geringen Chemikalienmengen.
- Entsorge die Chemikalienreste ordnungsgemäß.

Umgang mit Gefahrstoffen

Gefahrstoffe sind Stoffe, die Menschen und Umwelt schädigen können. Sie werden mit Gefahrenpiktogrammen und einem Signalwort gekennzeichnet.

H-Sätze und P-Sätze auf den Etiketten der Gefahrstoffbehälter weisen auf besondere Gefahren hin und geben Ratschläge zur Sicherheit.

Der Umgang mit dem Gasbrenner

- Öffne bei geschlossener Luftzufuhr die Gaszufuhr am Tisch, dann am Brenner und entzünde das ausströmende Gas.
- Reguliere die Flammenhöhe mit der Gasregulierungsschraube.
- Stelle mithilfe der Luftregulierungsschraube die nicht leuchtende oder rauschende Brennerflamme ein.
- Schließe nach Beendigung des Versuchs zuerst die Luftzufuhr am Gasbrenner, dann die Gasregulierungsschraube des Gasbrenners. Drehe dann die Gaszufuhr am Tisch zu.

B1 Experimentieren bereitet allen Freude!

Aufgaben

○ **1** Beschreibe die Regeln, die du beim Betreten des Chemieraumes einzuhalten hast.

○ **2** NE Es gibt im Haushalt Problemabfälle, die sachgerecht entsorgt werden müssen. Nenne mindestens vier dieser Problemabfälle.

◒ **3** MK Recherchiere die H- und P-Sätze von Brennspiritus.

◒ **4** Begründe, warum von einem festen Grillanzünder weniger Gefahren als von einem flüssigen Grillanzünder ausgehen [B2].

● **5** Begründe, warum die Flüssigkeit in einem Reagenzglas nur im oberen Bereich erhitzt werden soll.

B2 Ein fester Grillanzünder

2 Stoffe und Stoffeigenschaften

Eine Aufgabe der Chemie ist es, unterschiedliche Stoffe anhand ihrer Eigenschaften sicher zu identifizieren.

B1 Ein Gegenstand, unterschiedliche Stoffe

2.1 In der Chemie geht es um Stoffe

Überall im Leben benutzen wir Gegenstände: Wir schreiben mit Stiften, wir trinken aus Tassen und essen von Tellern. Den Chemiker und die Chemikerin interessiert, aus welchen Materialien die Gegenstände bestehen.

Ein Gegenstand, viele Stoffe

Materialien nennt man in der Chemie **Stoffe**. Gegenstände wie Tassen können aus verschiedenen Stoffen hergestellt werden: aus Glas, Porzellan, Metall oder Kunststoff [B1]. Der Stoff bestimmt die Eigenschaften der Tassen. So haben Tassen aus Porzellan und Glas eine glatte, harte Oberfläche und sind daher leicht zu reinigen. Tassen aus Metall sind bruchsicher. Tassen aus Kunststoff sind oft Einwegtassen. Sie sind zwar preiswert, aber nicht sehr stabil. Nach dem Gebrauch werden sie meist in den Müll geworfen.

Ein Stoff, viele Gegenstände

Wenn eine Glasflasche zerbrochen ist, so ist sie nicht mehr als Behälter zu gebrauchen. Aus dem Stoff Glas können aber wieder neue Flaschen hergestellt werden. Es kann auch ein anderer Gegenstand aus dem Glas angefertigt werden. So kann man daraus zum Beispiel ein Trinkglas oder eine Fensterscheibe herstellen.

Stoff und Stoffportion

In der Chemie bevorzugt man für die begrenzte Menge eines Stoffes den Begriff **Stoffportion**. An diesen untersucht man die Eigenschaften des Stoffes. Beispiele für Stoffportionen sind ein Stück Würfelzucker, ein Eisennagel oder auch ein Glas Wasser. Dem Begriff der Stoffportion begegnet man im Alltag zum Beispiel beim Kauf einer Portion Popcorn im Kino. In der Physik wird eine begrenzte Menge eines Stoffes meist nicht Stoffportion, sondern Körper genannt.

Gegenstände bestehen aus unterschiedlichen Materialien. In der Chemie werden Materialien als Stoffe bezeichnet. Die Eigenschaften von Stoffen werden an kleinen Stoffportionen untersucht.

Aufgaben

○ **1** Nenne einige Stoffe, aus denen eine Tasse bestehen kann.

○ **2** Beschreibe Vorzüge und Nachteile der Stoffe, aus denen die Tasse bestehen kann.

○ **3** Beschreibe an fünf Gegenständen, aus welchen Stoffen sie hergestellt werden können.

◒ **4** Campinggeschirr besteht häufig aus Kunststoff. Erläutere die Vorteile.

● **5** Ein Brillenglas kann aus Kunststoff oder aus Glas bestehen. Formuliere eine Vermutung, aus welchem Stoff die Brillengläser von Schutzbrillen bestehen. Begründe.

2.2 Stoffe mit den Sinnen untersuchen

Suche dir einen Partner oder eine Partnerin. Lest zunächst die jeweilige Versuchsanleitung sorgfältig. Bestimmt, wer von euch Person A und wer Person B ist.

V1 Sehen

Material: Schutzbrille, 6 Kunststoffdosen (davon sind 3 mit „A" markiert und 3 mit „B" gekennzeichnet) mit verschiedenen Stoffen (z. B. Kupferblech, Schokolade, Zuckerwürfel, farbloser Glasstein, Aluminiumfolie, Styropor®)

Durchführung:
a) Person A werden die Augen verbunden.
b) Person B öffnet nacheinander die Dosen mit dem Buchstaben A und beschreibt die sichtbaren Stoffeigenschaften (Farbe, Glanz, Oberflächen-Beschaffenheit usw.).
c) Person A versucht anhand der Beschreibungen, den Stoff zu erraten.
d) Danach wird gewechselt und Person A beschreibt die Stoffe in den Dosen mit dem Buchstaben B.

Aufgaben:
1. Notiere die Stoffe, die du richtig erraten hast.
2. Erläutere, an welcher Kombination von Eigenschaften du den Stoff erkannt hast.

V2 Tasten und Fühlen

Material: 2 Stoffbeutel A und B jeweils gefüllt mit 4 Kugeln aus verschiedenen Stoffen (z. B. Holz, hartem Kunststoff, Schaumstoff, Styropor®, Metall, Porzellan, Stein, Glas)

Durchführung:
a) Person B hält den Beutel A so vor Person A, dass sie nicht sehen kann, was sich im Beutel befindet.
b) Durch Fühlen versucht Person A festzustellen, aus welchen Stoffen die einzelnen Kugeln gefertigt sind.
c) Danach wird gewechselt und Person B ertastet die Kugeln in Beutel B.

Aufgaben:
1. Notiere die Stoffe, die du richtig erraten hast.
2. Notiere, ob sich die Kugeln kalt oder warm, rau oder glatt, hart oder weich anfühlen.

V3 Riechen

Material: 8 kleine Kunststoffdöschen (davon sind 4 mit dem Buchstaben A und 4 mit dem Buchstaben B gekennzeichnet) jeweils gefüllt mit verschiedenen Stoffen (z. B. Kaffeepulver, Zimtpulver, Currypulver, Paprikapulver, Muskatnusspulver, Oregano, Thymian, Pfefferminze)

Durchführung:
a) Person B gibt Person A nacheinander ein geöffnetes Döschen mit dem Buchstaben A zur Geruchsprobe.
c) Person A fächelt sich den Geruch jeweils vorsichtig zu und versucht, den Stoff am Geruch zu erkennen.
d) Danach wird gewechselt und Person B versucht, vier Stoffe am Geruch zu erkennen.

Aufgaben:
1. Notiere die Stoffe, die du richtig erraten hast.
2. Beschreibe die Art des Geruchs der Stoffe, die du erkannt hast.
3. Nenne vier Stoffe, die sich deutlich im Geruch unterscheiden.

B1 Zufächeln einer Duftprobe

B1 Smartphones

2.3 Eigenschaften von Stoffen

Ein Smartphone soll leicht sein, die Oberfläche kratzfest; der Akku muss „elektrischen Strom speichern". Mit der Kamera möchte man tolle Bilder machen. Für all die verschiedenen Eigenschaften müssen geeignete Stoffe verwendet werden. Für das Erkennen und den Einsatz eines Stoffes sind seine Eigenschaften entscheidend.

Aussehen

Untersucht man einen Stoff, nimmt man zuerst sein Aussehen wahr. Metalle zeigen zum Beispiel einen besonderen Oberflächenglanz, der sich häufig erst nach dem Bearbeiten der Oberfläche zeigt. Zucker und Salz können wir an der Form der Kristalle unterscheiden [B2], einige Stoffe sind farbig. Viele Stoffe kann man allerdings allein an ihrem Aussehen nicht erkennen, daher muss man zusätzlich andere Eigenschaften untersuchen.

Geschmack und Geruch

Viele Stoffe unterscheiden sich durch ihren Geschmack: Zitronensaft schmeckt sauer, Grapefruitsaft ist etwas bitter. Schokolade hat einen süßen oder bitteren Geschmack, Meerwasser schmeckt salzig. Im Fachraum sind Geschmacksproben jedoch verboten! Stoffe wie z.B. Essig haben einen typischen Geruch. Rieche nie direkt an einem unbekannten Stoff! Der Stoff könnte schädliche Dämpfe abgeben und die Nasenschleimhäute reizen. Fächle immer mit der Hand über der Probe, wenn du den Geruch bestimmen möchtest!

Tasten, Fühlen, Hören

Manche Stoffe haben eine raue Oberfläche, andere fühlen sich weich oder glatt an. Mit den Fingern kannst du die Oberflächen-Beschaffenheit eines Stoffes ertasten. Fasse im Unterricht nur Stoffe an, wenn es ausdrücklich erlaubt wurde! Mit dem Hörsinn kann man Gegenstände aus unterschiedlichen Stoffen voneinander unterscheiden: Man erkennt leicht am Klang, ob Flaschen aus Glas oder aus Kunststoff aneinanderstoßen.

Verschiedene Stoffe haben unterschiedliche Stoffeigenschaften. Farbe, Glanz, Geschmack, Geruch, Oberflächen-Beschaffenheit und Klang sind Stoffeigenschaften, die man mit den Sinnen wahrnehmen kann.

B2 Unterschiedliche Kristallformen: Kandiszucker (links), Kochsalz (rechts)

B3 Stahl lässt sich dauerhaft verformen.

B5 Kupfer leitet den elektrischen Strom gut.

Nicht alle Stoffeigenschaften erkennt man sofort. Für manche Stoffeigenschaften müssen die Stoffe genauer untersucht werden.

Härte und Verformbarkeit

Blei und Kerzenwachs lassen sich leicht ritzen, sie sind weich. Stoffe können sich deutlich in ihrer Härte unterscheiden. Mit Diamanten kann man alle anderen Stoffe ritzen. Stahl kann sehr hart sein, aber sich durch Schmieden und Walzen verformen lassen [B3]. Fensterglas ist hart, aber beim Einwirken einer genügend großen Kraft zerspringt es. Es ist nicht verformbar.

Stoffe	Härtestufe
Kerzenwachs, Ton	sehr weich
Blei, Kupfer, Speckstein	weich
Eisen, Ziegelstein, Fensterglas	hart
Quarz, Diamant, Werkzeugstahl	sehr hart

B4 Einordnung von Stoffen nach ihrer Härte

Verhalten beim Erhitzen

Eisen ist besser verformbar, wenn es sehr heiß ist [B3]. Wenn es abkühlt, sind außer der Form die ursprünglichen Eigenschaften wieder vorhanden. Andere Stoffe dagegen ändern ihre Eigenschaften beim Erhitzen, zum Beispiel Zucker. Er wird dabei zu zähflüssigem Karamell. Erhitzt man weiter, entstehen Rauch und ein schwarzer, poröser Feststoff. Der entstandene Stoff hat keine Ähnlichkeit mehr mit dem Ausgangsstoff Zucker.

Brennbarkeit

Viele Stoffe beginnen zu brennen, wenn sie in eine Flamme gehalten werden. Ein Stück Papier entflammt auf diese Weise sofort. Die Bauteile eines Motors oder Triebwerkes sind nicht brennbar. Der Treibstoff ist hingegen leicht entzündlich. Bringt man einen brennenden Holzspan in die Nähe einer Porzellanschale, die etwas Benzin enthält, springt die Flamme bereits über, bevor der Span die Flüssigkeit berührt. Über der Flüssigkeit stehen Benzindämpfe, die dann rußend verbrennen.
Um einen Stoff zu entzünden, benötigt man nicht unbedingt eine Flamme. Brennbare Stoffe können sich allein durch Erhitzen an der Luft entzünden. Die Temperatur, bei der das geschieht, wird **Zündtemperatur** genannt.

Elektrische Leitfähigkeit

Untersucht man einen Eisendraht, einen Holzstab und eine Graphitmine (Bleistiftmine) auf ihre elektrische Leitfähigkeit, stellt man fest, dass nur der Eisendraht und die Graphitmine den elektrischen Strom leiten. Metalle und Graphit sind gute elektrische Leiter, daher wird in Kabeln meist Kupfer verwendet [B5]. Dieses ist auch biegsam, sodass es beim Verlegen eines Kabels nicht bricht.

Magnetisierbarkeit

Die Metalle Eisen, Cobalt und Nickel lassen sich durch ihre Eigenschaft, vom Magneten angezogen zu werden, von anderen Metallen unterscheiden. Sie sind magnetisierbar [B6].

Härte, Verformbarkeit, Verhalten beim Erhitzen, Brennbarkeit, elektrische Leitfähigkeit und Magnetisierbarkeit sind Stoffeigenschaften, die man mit einfachen Hilfsmitteln ermitteln kann.

Eigenschaften bestimmen die Verwendung

Man kann Stoffe an ihren Eigenschaften erkennen. Aber nicht nur aus diesem Grund sind die Stoffeigenschaften wichtig. Sie bestimmen auch die Verwendungsmöglichkeiten der Stoffe.

Sieht man sich auf einer Baustelle um [B7], so findet man dort unter den Baumaterialien viele Metalle. Je nach Verwendungszweck werden Eisen, Kupfer, Blei, Chrom oder Metallgemische wie Lötzinn und Messing verwendet.

Zimmerleute brauchen für das Dachgebälk verformbare Eisennägel, die sich der Struktur des Holzes anpassen. Wer Stromleitungen an die Wände nagelt, benutzt besonders harte Stahlnägel. Der Heizungskessel besteht aus Edelstahl, der nicht rostet. Die Wasserhähne sind mit einer Schicht aus Chrom überzogen. Sie schützt nicht nur vor dem Rosten, sondern sieht auch schön aus und ist leicht zu pflegen. Die Wasserleitungen sind aus Kupfer, weil die Rohre sich leicht biegen lassen. Zum Löten wird häufig Lötzinn verwendet, das eine niedrige Schmelztemperatur hat. Besonders weich ist das Bleiblech, das man für die Abdichtung rund um die Dachfenster verwendet.

Häufig kannst du auch Materialien aus Kunststoffen auf einer Baustelle sehen. Moderne Kunststoffe werden für bestimmte Verwendungszwecke speziell hergestellt. Die Kunststoff-Griffe an den Werkzeugen von Elektrikern sind elektrisch nicht leitend. Sie schützen so die Handwerker vor Kontakt mit elektrischem Strom. Fensterdichtungen sind elastisch, anpassungsfähig und wasserdicht. Schaumstoff-Platten enthalten Poren, die mit Luft oder einem Gas gefüllt sind. Sie können zur Wärmeisolierung und zur Schallisolierung eingesetzt werden.

B6 Der Eisenkern von Centstücken wird von Magneten angezogen.

B7 Beim Hausbau werden viele Materialien genutzt.

Aufgaben

◒ **1** Erstelle eine Tabelle mit den Sinnen des Menschen und den Stoffeigenschaften, die man damit wahrnimmt.

◒ **2** Erkläre, woran man erkennt, ob es sich bei einem Stoff um ein Metall handelt.

○ **3** Die meisten Armaturen sind verchromt. Erläutere den Sinn des Verchromens.

◒ **4** Begründe anhand eines Beispiels, warum es zur eindeutigen Unterscheidung von zwei Stoffen meist nicht ausreicht, nur eine Stoffeigenschaft zu untersuchen.

2.4 Einen Versuch planen

Bei der Planung eines Versuchs sind einzelne Schritte zu beachten.

1 Frage formulieren
Ein Versuch wird oft mit einer „Frage an die Natur" verglichen. Das Ergebnis des Versuchs ist dann die entsprechende Antwort. Zu Beginn eines Versuchs wird häufig zunächst eine Frage, ein Thema oder eine Aufgabenstellung formuliert, der man im Experiment nachgeht.

2 Informationen sammeln
Zur Vorbereitung eines Versuchs werden Informationen benötigt. Dazu lassen sich unterschiedliche Quellen nutzen, z. B.: Lexika, Chemiebücher, Internetseiten, Software.

3 Geeignete Versuche auswählen
Aus den dir bekannten Versuchen müssen solche ausgewählt werden, die geeignet sind, die Aufgabenstellung zu lösen. Oft müssen mehrere Versuche nacheinander ausgeführt werden, um das gewünschte Ergebnis zu erzielen.

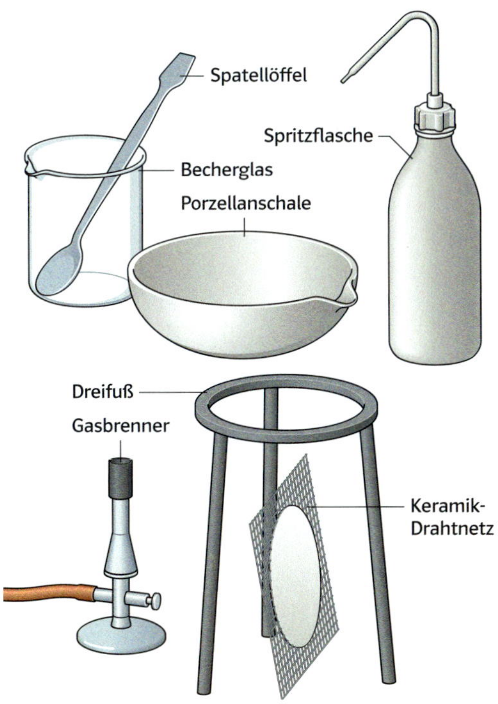

B1 Geräte für Versuche

4 Materialliste erstellen
Damit bei der Durchführung eines Versuchs alle benötigten Materialien zur Verfügung stehen, werden sie in einer Liste erfasst.
Die meisten Geräte und Chemikalien sind in der naturwissenschaftlichen Sammlung zu finden [B1]. Einige Materialien gibt es auch zu Hause.

5 Versuchsskizze anfertigen
Zur Planung eines Versuchs gehört auch die Anfertigung einer Skizze. Nach dieser Skizze wird später der Versuch aufgebaut. Hilfreich für die Anfertigung einer Skizze ist eine Geräteschablone. Versuchsskizzen können auch mit dem Tablet oder PC erstellt werden. Durch Probieren kannst du Programme zum Erstellen solcher Skizzen spielerisch erlernen.

6 Schutzmaßnahmen
Bei einem Versuch wird die Schutzbrille immer getragen. Eventuell müssen auch Schutzhandschuhe getragen werden. Bleiben bei einem Versuch Abfälle übrig, muss auch an die richtige Entsorgung gedacht werden.

7 Versuchsprotokoll vorbereiten
Bereits vor der Durchführung des Versuchs wird ein Versuchsprotokoll vorbereitet. Versuchsbeobachtungen und Auswertungen können natürlich noch nicht notiert werden.
Sind alle wichtigen Schritte sorgfältig geplant, steht der Durchführung des Versuchs nichts mehr im Wege. Bei der Durchführung darfst du aber nicht vergessen, alle Beobachtungen genau zu notieren. Nur so kann der Versuch später richtig ausgewertet werden.

Aufgabe
● 1 (MK) Plane ein Experiment zur Frage „Welcher Unterschied besteht zwischen Mineralwasser und destilliertem Wasser?"

2.5 Das Versuchsprotokoll

Ob im chemischen Labor oder in der Schule: Wenn man experimentiert, arbeitet man oft nach Vorschriften und macht während des Versuchs Beobachtungen.
Damit ein Versuch jederzeit wiederholt und überprüft werden kann und Beobachtungen nicht in Vergessenheit geraten, wird ein Versuchsprotokoll erstellt.

Das Versuchsprotokoll soll einen schnellen Überblick über den durchgeführten Versuch und die dabei gemachten Beobachtungen erlauben. Auch deren Auswertung darf nicht fehlen. Damit das Protokoll möglichst übersichtlich wird, sollte man es immer in der gleichen Form abfassen. Die folgende Gliederung hat sich bewährt:

Chemie-Box

Thema des Versuchs
Der Versuch wird als Thema oder als Fragestellung formuliert.

Material
Es werden alle nötigen Geräte, Hilfsmittel und Chemikalien notiert.

Sicherheitsmaßnahmen
Das Tragen einer Schutzbrille ist unerlässlich. Bei Verwendung von Gefahrstoffen müssen weitere Sicherheitsvorkehrungen getroffen werden.

Beobachtungen
Alle Einzelheiten, die während des Versuchs beobachtet werden, gehören in das Protokoll, insbesondere die Messergebnisse.

Entsorgung
Häufig bleiben nach Beendigung des Versuchs Abfälle übrig (Chemikalienreste, Gerätebruch). Diese müssen vorschriftsmäßig entsorgt werden.

Versuchsprotokoll

Name: Datum:

Thema: Was passiert beim Annähern eines brennenden Holzspans an eine Porzellanschale mit Brennspiritus?

Material:
Schutzbrille
Gasbrenner
Porzellanschale
Metallplatte
Holzspan
Brennspiritus

Aufbau

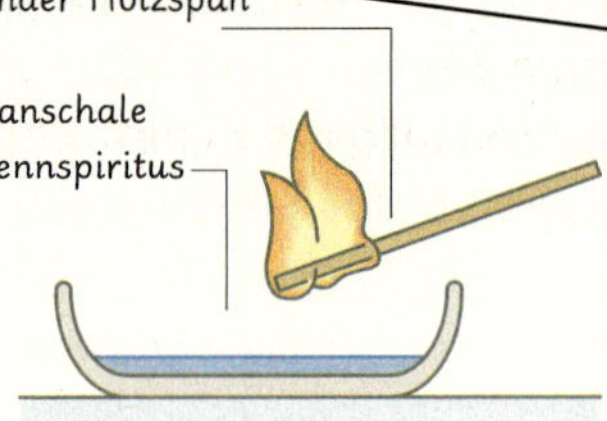

Sicherheitsmaßnahmen:
- Schutzbrille aufsetzen
- heiße Porzellanschale nicht mit bloßen Händen berühren
- Brennspiritusdämpfe nicht direkt einatmen
- alle brennbaren Materialien wegstellen

Durchführung:
Gib einige Tropfen Brennspiritus in eine Porzellanschale. Nähere einen brennenden Holzspan langsam der Schale. Lösche den brennenden Spiritus durch Abdecken mit einer Metallplatte.

Beobachtungen:
Die Flamme springt bereits über, bevor der brennende Holzspan den Spiritus berührt hat. Brennspiritus verbrennt mit bläulicher Flamme, die einen gelben Saum aufweist.

Auswertung:
Brennspiritus ist eine brennbare Flüssigkeit. Brennspiritus bildet Dämpfe, die leicht entzündlich sind. Brennspiritus ist deshalb ein feuergefährlicher Stoff.

Entsorgung:
Reste des Brennspiritus in den entsprechenden Sammelbehälter geben.

Name und Datum
Ein Versuchsprotokoll enthält den Namen des Protokollanten/der Protokollantin und das Datum der Anfertigung.

Versuchsaufbau
Damit man sich den Versuchsaufbau besser vorstellen kann, fertigt man eine Versuchs-skizze an.

Durchführung
Der Ablauf des Versuchs wird in kurzer, aber verständlicher Form beschrieben.

Auswertung
Aus den Versuchsbeobachtungen ergibt sich die Auswertung. Diese besteht häufig aus einer zusammenfassenden Aussage.

2.6 Da löst sich etwas

V1 Die Löslichkeit von Kochsalz und Alaun in Wasser

Material: Schutzbrille, Becherglas, 2 Reagenzgläser, Messzylinder, 2 Stopfen, 2 Spatel, Waage, Kochsalz, Alaun, Wasser

Durchführung:

a) Fülle 10 ml Wasser in ein Reagenzglas. Dies entspricht 10 g Wasser.
b) Stelle das Reagenzglas im Becherglas auf die Waage. Notiere den angezeigten Wert.
c) Gib mit dem Spatel eine kleine Portion Kochsalz ins Wasser. Verschließe das Reagenzglas mit dem Stopfen und schüttle es kräftig, bis sich das Kochsalz vollständig gelöst hat.
d) Wiederhole den Vorgang so lange, bis sich kein Kochsalz mehr löst und am Boden des Reagenzglases Kochsalz-Kristalle zurückbleiben.
e) Wiege das Reagenzglas erneut und notiere den gemessenen Wert.
f) Wiederhole den Versuch mit Alaun.

Aufgaben:

1. Berechne, wie viel Gramm Kochsalz bzw. Alaun sich in 10 g Wasser gelöst haben. Subtrahiere dazu jeweils den ersten Messwert vom zweiten.
2. Berechne, wie viel Gramm Kochsalz bzw. Alaun sich in 100 g Wasser lösen.
3. Vergleiche die Löslichkeit der beiden Stoffe.

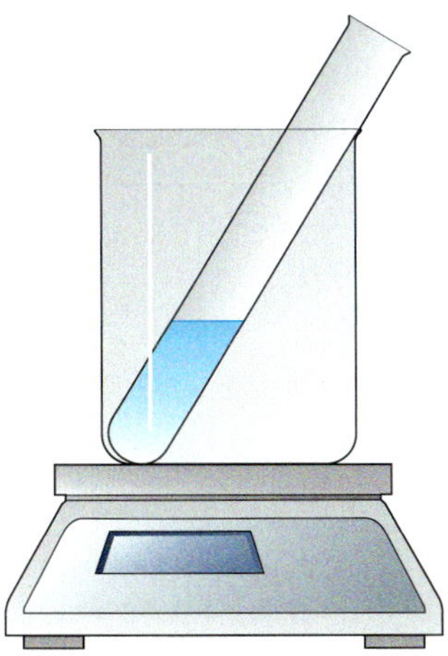

B1 Ermitteln der Masse des gelösten Kochsalzes und des Alauns

V2 Löslichkeit und Temperatur

Material: Schutzbrille, Reagenzglasgestell, 2 Reagenzgläser, Messzylinder, 2 Stopfen, 2 Spatel, Waage, Kochsalz, Alaun, warmes Wasser (ca. 40 °C)

Durchführung:

Gehe wie in Versuch 1 beschrieben vor. Setze dazu das warme Wasser ein.

Aufgaben:

1. Berechne, wie viel Gramm Kochsalz bzw. Alaun sich in 10 g warmem Wasser gelöst haben. Subtrahiere dazu jeweils den ersten Messwert vom zweiten.
2. Berechne, wie viel Gramm Kochsalz bzw. Alaun sich in 100 g warmem Wasser lösen.

Stoff	Löslichkeit in g pro 100 g Wasser	
	bei Zimmertemperatur	in warmem Wasser
Kochsalz		
Alaun		

B2 Tabelle zur Löslichkeit

Übertrage die Tabelle und die ermittelten Werte in dein Heft.

3. Vergleiche die Löslichkeit der beiden Stoffe in warmem Wasser. Was stellst du fest? Beschreibe.

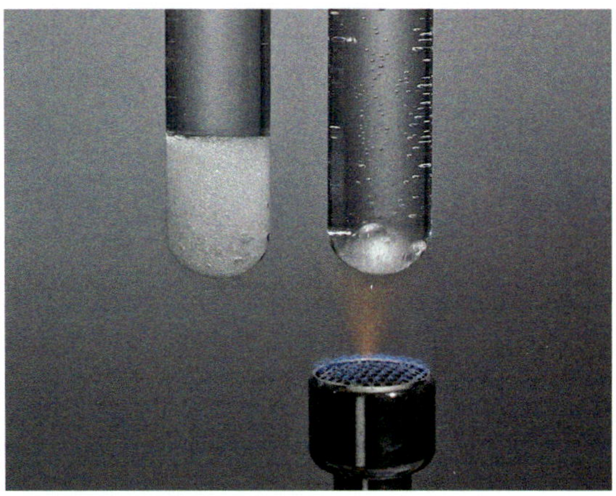

B2 Gelöstes Alaun

B1 Unterschiedlich gut in Wasser gelöst (von links: Kochsalz, Öl, Asche und Kaliumpermanganat)

2.7 Die Löslichkeit

Salz löst sich gut in Wasser. Öl und Fett aber nicht, sie sind jedoch gut in Benzin löslich.

Löslichkeit in Wasser

Gibt man etwas Zucker in Wasser, so scheint er langsam zu verschwinden. Dass der Zucker noch da ist, verrät der süße Geschmack des Wassers. Der Zucker hat sich im Wasser so fein verteilt, dass er nicht mehr sichtbar ist: Er hat sich „im Wasser gelöst". Eine Flüssigkeit, in der sich andere Stoffe lösen, heißt **Lösungsmittel**. Eine Lösung besteht immer aus dem Lösungsmittel und dem gelösten Stoff. Gelöst werden können Feststoffe, Flüssigkeiten und Gase.

Flüssigkeiten, in denen sich andere Stoffe lösen, heißen Lösungsmittel.

Die Löslichkeit ist messbar

Puderzucker löst sich schneller als ein Stück Kandiszucker. Allerdings ist die Löslichkeit von Puderzucker nicht größer als die von Kandis. Um die Löslichkeit unterschiedlicher Stoffe in Wasser vergleichen zu können, gibt man an, wie viel Gramm eines Stoffes sich in 100 g Wasser lösen. Zusätzlich ist eine Temperaturangabe nötig, da die Löslichkeit stark von der Temperatur abhängig sein kann.

Stoff	Löslichkeit in g/100 g Wasser	Stoff	Löslichkeit in g/100 g Wasser
Zucker	203,9	Kohlenstoffdioxid	0,17
Kochsalz	35,88	Sauerstoff	0,0042
Gips	0,20	Kalkstein	0,0015

B2 Löslichkeit einiger Stoffe in Wasser bei 20 °C

Die Löslichkeit ist eine messbare Stoffeigenschaft. Sie gibt an, wie viel Gramm eines Stoffes sich in 100 g eines Lösungsmittels lösen.

Massenanteil

Der Massenanteil hingegen gibt an, wie viel Gramm des gelösten Stoffes sich in 100 g fertiger Lösung befinden. Wurden z. B. 10 g Kochsalz in 90 g Wasser gelöst, so liegt eine 10-prozentige Kochsalz-Lösung vor. Sie hat einen Massenanteil an Kochsalz von $w = 10\,\%$.

Aufgaben

○ **1** Nenne zwei Beispiele für Lösungsmittel.

◒ **2** Teile die in der Tabelle angegebenen Stoffe ein in: sehr gut wasserlöslich, gut wasserlöslich, wenig wasserlöslich.

◒ **3** 100 g Meerwasser enthalten 3,5 g Salz. Gib den Massenanteil des Salzes in Meerwasser an.

● **4** Alkohol löst sich in jedem Verhältnis in Wasser. Warum ist in keinem Tabellenwerk die Wasserlöslichkeit von Alkohol angegeben? Begründe.

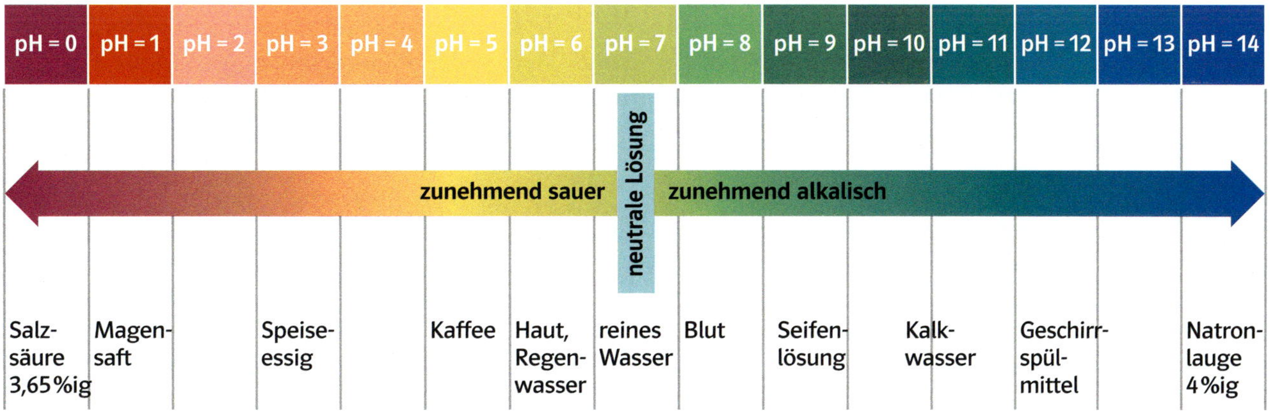

B1 pH-Werte ausgewählter wässriger Lösungen und deren Farbe nach Zugabe von Universalindikator

2.8 Wässrige Lösungen und Indikatoren

Auf einigen Alltagsprodukten, z. B. Haarshampoo oder Duschöl, findet man Angaben zum pH-Wert. Was sagt der pH-Wert aus?

Indikatoren

Rotkohl wird je nach Zubereitung Rotkohl oder Blaukraut genannt. Wird Rotkohl mit Essig zubereitet, bekommt der Rotkohl eine intensiv rote Farbe [B3]. Wird Rotkohl mit Natron zubereitet, färbt sich der Rotkohl bläulich („Blaukraut"). Natron-Lösung fühlt sich seifig an. Solche Lösungen heißen **alkalische** Lösungen. Essig ist **sauer**, reines Wasser ist **neutral**. Farbstoffe, die durch charakteristische Farben anzeigen, ob eine Lösung sauer, alkalisch oder neutral ist, nennt man **Indikatoren** [B2]. Indikatoren werden meist als Lösungen eingesetzt. Rotkohlsaft ist in saurer Lösung rot [B3 und B2, links]. Bromthymolblau ist im Sauren gelb, im Alkalischen blau, im neutralen Bereich zeigt es die Mischfarbe Grün [B2, rechts].

Indikatoren sind Farbstoffe, die durch charakteristische Farben anzeigen, ob eine Lösung sauer, neutral oder alkalisch ist.

Universalindikator

Häufig wird **Universalindikator** verwendet. Ein Universalindikator ist ein Gemisch aus unterschiedlichen Indikatoren. Es gibt ihn als Flüssigkeit, als Teststreifen oder als Indikatorpapier. Mit einem Universalindikator lässt sich feststellen, wie stark sauer oder alkalisch eine Lösung ist.

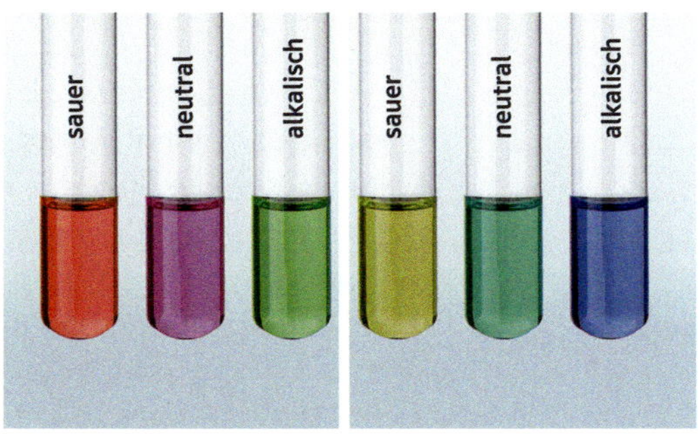

B2 Indikatorfarben in sauren, neutralen und alkalischen Lösungen

B3 Rotkohl als Indikator bei Zusatz von Essig

Der pH-Wert

Die Anzeige auf der Skala des Universalindikators reicht meist von 0 bis 14. Diese Skala gibt den pH-Wert an [B1, B4].

Je niedriger der pH-Wert einer Lösung ist, desto saurer ist die Lösung. Eine neutrale Lösung hat den pH-Wert 7. Alkalische Lösungen haben einen pH-Wert, der größer als 7 ist. Je stärker alkalisch eine Lösung ist, desto größer ist der pH-Wert.

Der richtige pH-Wert von Gewässern und Böden ist lebenswichtig für Pflanzen und Tiere [B5]. Für die Mehrzahl der Fische sollte der pH-Wert der Gewässer zwischen 5 und 9,5 liegen. Die Kiemen von Jungfischen, Kaulquappen oder Molchen werden bei niedrigeren pH-Werten verätzt und Fischlaich kann absterben.

Für die meisten Bodenorganismen liegt der optimale pH-Wert bei 6 bis 7. Bei Abweichungen wird z. B. das Pflanzenwachstum unter anderem dadurch beeinträchtigt, dass die von den Pflanzen benötigten Mineralsalze nicht zur Verfügung stehen.
Der pH-Wert unserer Haut liegt bei etwa 5,5. Daher spricht man vom „Säureschutzmantel“ der Haut. Alkalische Lösungen, z. B. Seifenlösung, können ihn angreifen.

B4 Universalindikator-Papier mit pH-Skala

Der pH-Wert gibt an, wie sauer oder alkalisch eine Lösung ist oder ob sie neutral ist. Ist der pH-Wert kleiner als 7, liegt eine saure Lösung vor. Ist der pH-Wert größer als 7, ist die Lösung alkalisch. Eine neutrale Lösung hat den pH-Wert 7.

Neutralisieren

Eine saure und eine alkalische Lösung können so miteinander vermischt werden, dass eine neutrale Lösung entsteht. Man erkennt eine neutrale Lösung durch Zusatz eines Indikators.

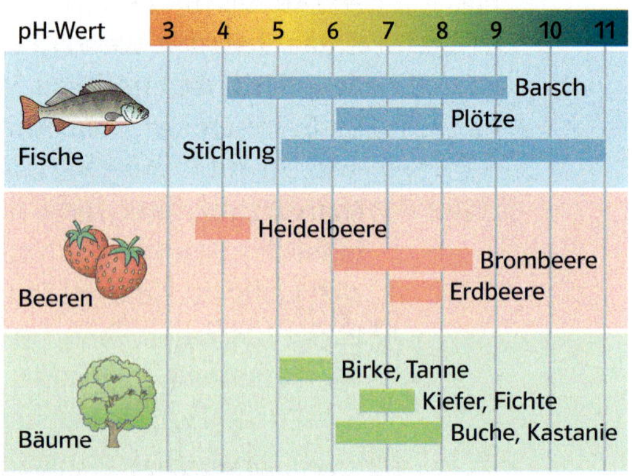

B5 Optimale pH-Bereiche für Fische und Pflanzen in Böden und Gewässern

Aufgaben

○ **1** a) Gib die Farbe des Universalindikators an, die dieser beim pH-Wert des Regenwassers zeigt.
b) Gib den pH-Wert an, bei dem die Farbe des Universalindikators orange ist.

◒ **2** Plane einen Versuch, mit dem du reines Wasser, Seifenlösung und Citronensäure-Lösung voneinander unterscheiden kannst.

● **3** Du sollst überprüfen, ob eine dir unbekannte Lösung sauer oder alkalisch ist. Dir steht ein flüssiger Indikator zur Verfügung, von dem du nicht weißt, wie er sich in sauren und alkalischen Lösungen färbt. Beschreibe, wie du vorgehst.

◒ **4** Ordne folgenden pH-Bereichen die Farben des Universalindikators zu: 0 – 3, 4 – 6, 7, 8 – 9, 10 – 14. Charakterisiere die pH-Bereiche (z. B. stark sauer).

2.9 Tests mit Indikatoren

Du kannst leicht selbst untersuchen, ob eine Lösung sauer, neutral oder alkalisch ist. Mit pH-Papier kannst du sogar die pH-Werte von wässrigen Lösungen ermitteln.

V1 Rotkohlsaft als Indikator

Material: Schutzbrille, Gasbrenner, Gasanzünder, Dreifuß, Keramik-Drahtnetz, 2 Bechergläser (250 ml), Teesieb, Messzylinder (10 ml), Reagenzgläser mit Stopfen, Reagenzglasgestell, Schere, Folienstift, frische Rotkohlblätter, Haushaltsprodukte: Speiseessig, Entkalker, Essigreiniger, Neutralreiniger, Zucker, Speisesalz, Kernseife, Haushaltsnatron, Soda

Durchführung:

a) Schneide frische Rotkohlblätter in feine Streifen. Gib die Streifen in das Becherglas und bedecke sie mit Wasser. Stelle das Becherglas auf den Dreifuß mit Keramik-Drahtnetz und erhitze das Gemisch. Wenn die Flüssigkeit intensiv gefärbt ist, stelle das Erhitzen ein. Lass das Gemisch danach abkühlen. Gieße die Lösung durch das Teesieb in das zweite Becherglas.

B1 Rotkohlsaft nach dem Gießen durch ein Teesieb

b) Stelle Lösungen der verschiedenen Haushaltsprodukte her.

c) Gib jeweils 2 ml Rotkohlsaft zu jeder Lösung der Haushaltsprodukte. Verschließe die Reagenzgläser mit einem Stopfen und schüttle sie, bis eine deutliche Farbe zu erkennen ist.

V2 Wir bestimmen pH-Werte

Material: Schutzbrille, Universalindikator-Papier (pH 1 – 14), Uhrglas, Glasstab, Papierhandtuch, Reagenzgläser, Reagenzglasgestell, Haushaltsprodukte wie in Versuch 1.

Durchführung:

a) Stelle Lösungen der verschiedenen Haushaltsprodukte her.

b) Reiße kleine Stückchen Universalindikator-Papier ab. Lege ein Stückchen an den Rand eines Uhrglases und gib dann mit dem Glasstab einen Tropfen der Lösung eines Haushaltsprodukts auf das Indikator-Papier.

c) Spüle den Glasstab mit Wasser und trockne ihn dann mit dem Papierhandtuch ab. Verfahre dann mit den anderen Lösungen der Haushaltsprodukte genauso.

d) Vergleiche die Farbe des Indikator-Papieres jeweils mit der Farbskala. Bestimme den zugehörigen pH-Wert oder pH-Bereich.

V3 Bromthymolblau

Bromthymolblau ist ein häufig im Labor eingesetzter Indikator.

Finde heraus, welche Farbe eine Bromthymolblau-Lösung in saurer, alkalischer und neutraler Lösung hat. Stelle dir die Materialien z. B. aus Versuch 1 oder Versuch 2 selbst zusammen.

B2 Bromthymolblau-Lösungen

B1 Badefreuden im Toten Meer

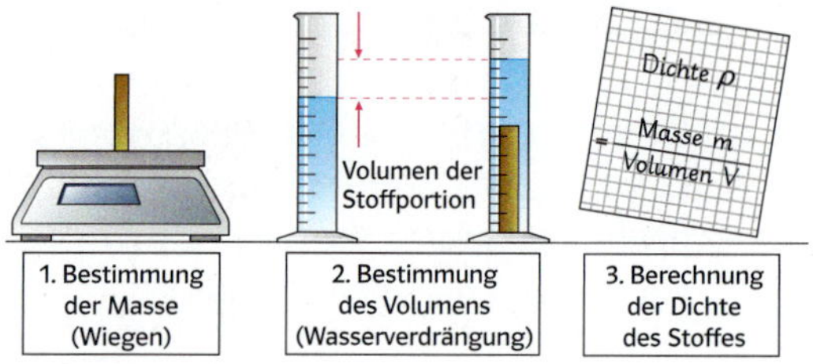

B3 Dichte ermitteln

2.10 Die Dichte

Im Toten Meer geht man nicht unter, das Salzwasser trägt einen [B1]. Wodurch unterscheidet sich das Salzwasser dort vom Salzwasser der Nordsee?

Die Dichte

Die Würfel im Bild B2 sind alle gleich groß. Sie haben also das gleiche **Volumen**. Die Würfel unterscheiden sich jedoch in ihrer **Masse**, da sie aus verschiedenen Stoffen bestehen. Das Verhältnis der Masse zum Volumen ist die Dichte. Die Dichte ist eine Stoffeigenschaft. Mit ihr kann man erklären, warum man im Toten Meer nicht untergeht: Das Salzwasser hat eine höhere Dichte als ein Mensch.

B2 Gleich große Würfel aus unterschiedlichen Stoffen sind unterschiedlich schwer.

Ermittlung der Dichte

Die Masse eines Feststoffs kannst du mit der Waage ermitteln. Bei einer Flüssigkeit musst du zweimal wiegen: Zuerst das leere, dann das gefüllte Gefäß. Die Masse der Flüssigkeit entspricht der Differenz der beiden Werte. Du kannst das Volumen einer Flüssigkeit in einem Messzylinder bestimmen. Dabei gilt: $1\,ml = 1\,cm^3$.

Das kannst du auch nutzen, um das Volumen von Feststoffen zu bestimmen. Dazu füllst du Wasser in einen Messzylinder und liest das Volumen ab. Dann tauchst du einen Gegenstand unter. Der Gegenstand verdrängt dabei das Wasser, du kannst ein größeres Volumen ablesen. Das Volumen des Gegenstands entspricht der Volumen-Differenz [B3].
Aus der Masse und dem Volumen berechnest du die Dichte des Stoffes, aus dem der Gegenstand besteht. Das Zeichen ist der griechische Buchstabe ϱ („rho").

$$\text{Dichte} = \frac{\text{Masse}}{\text{Volumen}} \qquad \varrho\,(\text{Stoff}) = \frac{m\,(\text{Stoffportion})}{V\,(\text{Stoffportion})}$$

Die Dichte ist eine Stoffeigenschaft, die sich aus der Masse und dem Volumen einer Stoffportion ermitteln lässt.

Aufgaben

○ **1** Nenne die Formel zur Berechnung der Dichte.

◒ **2** Beschreibe die Schritte zur Bestimmung der Dichte einer Glasmurmel.

◒ **3** Ein Messzylinder, der leer 73 g wog, wurde mit $50\,cm^3$ Alkohol gefüllt. Die Waage zeigt nun 112,4 g an. Berechne die Dichte des Alkohols.

● **4** Erläutere, wie man die Dichte eines Holzwürfels ermitteln kann.

B1 Smartphones enthalten Metalle.

B3 Gute und schlechte Wärmeleitfähigkeit

2.11 Metalle bilden eine Stoffklasse

Metallen begegnet man im Haushalt, im Hausbau, in Fahrzeugen und vielen weiteren Bereichen. Welche Eigenschaften der Metalle führen zu ihrer vielseitigen Verwendung?

Metalle leiten den elektrischen Strom

Ob ein Stoff elektrisch leitfähig ist, kann man im elektrischen Stromkreis feststellen. Dafür wird der Stoff in den elektrischen Stromkreis eingefügt. Metalle wie Kupfer und Eisen leiten den elektrischen Strom. Man nennt sie **elektrische Leiter**. Holz, Glas und viele Kunststoffe sind **Nichtleiter** oder **Isolatoren**. Die Werkzeuge von Elektro-Fachleuten haben daher oft Kunststoff-Griffe [B2]. Die **elektrische Leitfähigkeit** ist eine wichtige Stoffeigenschaft der Metalle.

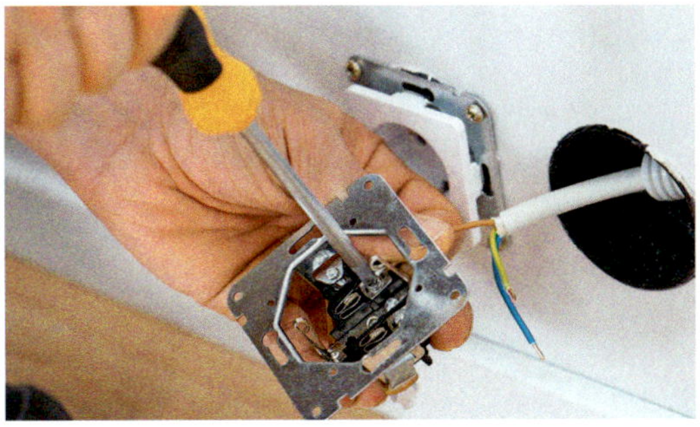

B2 Gute und schlechte elektrische Leiter

Metalle leiten Wärme

Ein Löffel aus Metall erwärmt sich schnell in heißem Tee. Man kann sich sogar die Finger daran verbrennen. Mit einem Holzlöffel kann das nicht passieren [B3]. Warum?
Im Metall wandert die Wärme leicht weiter. Man sagt, Metalle haben eine gute **Wärmeleitfähigkeit**. Sie ist auch eine der typischen Stoffeigenschaften von Metallen. Holz, aber auch Glas und viele Kunststoffe leiten die Wärme dagegen viel schlechter. Töpfe und Pfannen haben daher oft Kunststoff-Griffe.

Glanz und Biegsamkeit

Glatte Metalle besitzen glänzende Oberflächen. Metalle lassen sich verformen. Kupferrohre müssen oft so gebogen werden, dass sie z. B. als Wasser- oder Heizungsleitungen im Haus eingesetzt werden können.

Die Metalle bilden aufgrund ihrer ähnlichen Eigenschaften eine eigene Stoffklasse.

Aufgaben

○ **1** Erstelle eine Tabelle mit elektrisch leitenden und nichtleitenden Stoffen.

○ **2** Erläutere, weshalb die Griffe eines Kochtopfs oft aus Kunststoff sind.

◒ **3** Ein Kabel besteht aus einem Kupferdraht mit einer Ummantelung aus Kunststoff. Erläutere diesen Aufbau.

● **4** Recherchiere, was man unter einer Metall-Legierung versteht. Nenne einige Beispiele für Legierungen und ihre Verwendung.

B1 Eisberg – festes Wasser

B2 See – flüssiges Wasser

B3 Luftfeuchtigkeit – gasförmiges Wasser

B4 Festes Wasser im Labor

B5 Flüssiges Wasser im Labor

B6 Gasförmiges Wasser im Labor

2.12 Fest, flüssig, gasförmig – Aggregatzustände

Wasser ist der einzige Stoff, der auf der Erde als Flüssigkeit, als Feststoff in Form von Eis und unsichtbar als Wasserdampf in feuchter Luft vorkommt [B1–B6].

Aggregatzustände und ihre Übergänge

Die drei Zustandsarten fest, flüssig und gasförmig werden auch **Aggregatzustände** genannt [B7]. Am Südpol gibt es nur Schnee und Eis. Die Forschungsgruppen, die dort leben, müssen ihr Trinkwasser selbst herstellen. Sie brechen Blöcke aus dem Eis und erwärmen sie in großen Kesseln: Das Eis schmilzt. Beim Erwärmen ändert der Feststoff seinen Aggregatzustand: Er wird flüssig. Den Übergang von fest nach flüssig nennt man **Schmelzen**.

Erwärmt man das Wasser weiter, so geht die Flüssigkeit in den gasförmigen Zustand über. Es entsteht Wasserdampf. Diesen Vorgang nennt man **Verdampfen**.

Auch beim Abkühlen ändern sich die Aggregatzustände. Beim Kochen füllt sich die Küche mit Wasserdampf. Kalte Fensterscheiben beschlagen, weil dort der Wasserdampf wieder flüssig wird. Man sagt, das Wasser **kondensiert**. Im Gefrierfach kann man Eiswürfel herstellen. Bei tiefen Temperaturen **erstarrt** das Wasser zu Eis.

Aggregatzustände, nicht nur bei Wasser

Natürlich kommt nicht nur Wasser in den verschiedenen Aggregatzuständen vor. Festes Fett, z. B. Butterfett oder Margarine, schmilzt, wenn es erwärmt wird. Auch festes Wachs schmilzt und verdampft bei Wärmezufuhr.

Um zwei Drähte zu verlöten, muss das Metall Zinn mit der Hitze eines Lötkolbens zum Schmelzen gebracht werden. Nach dem Erkalten der Lötstelle sind beide Drähte durch erstarrtes Zinn miteinander fest verbunden.

**Fest, flüssig und gasförmig sind die drei Aggregatzustände eines Stoffes.
Beim Schmelzen wird ein Feststoff flüssig. Beim Verdampfen wird eine Flüssigkeit gasförmig. Dazu muss der Stoff jeweils erwärmt werden.**

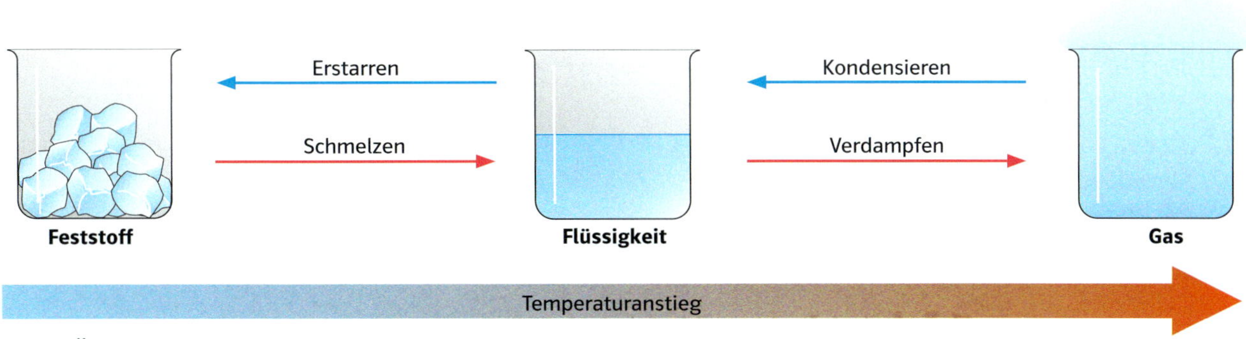

B7 Die Änderung der Aggregatzustände

Beim Kondensieren wird ein Gas flüssig. Beim Erstarren wird eine Flüssigkeit fest. Dazu muss der Stoff jeweils abgekühlt werden.

Beim Sublimieren geht ein fester Stoff direkt in den gasförmigen Zustand über. Beim Resublimieren geht ein gasförmiger Stoff direkt in den festen Zustand über.

Feste Stoffe werden gasförmig

Hängt man nasse Wäsche bei Temperaturen unter 0 °C auf die Leine, trocknet sie trotzdem. Das Wasser verdampft nicht, sondern erstarrt zuerst. Danach trocknet die Wäsche trotz der niedrigen Temperatur, ohne dass das Eis schmilzt. Aus Eis wird direkt gasförmiger Wasserdampf. Diesen Vorgang nennt man **Sublimieren** [B11].

Gasförmige Stoffe werden fest

An kalten Tagen sind an einfach verglasten Fenstern manchmal Eisblumen zu sehen [B8]. Sie entstehen dadurch, dass gasförmiges Wasser (Luftfeuchtigkeit) ohne zu kondensieren zu festem Eis wird. Dieser Vorgang heißt **Resublimieren** [B11]. Auch die Bildung von Raureif erklärt sich so [B9].

Auch Iod sublimiert und resublimiert

Wird festes Iod erwärmt [B10], so sublimiert es zu violettem Ioddampf. Beim Abkühlen resublimiert der Ioddampf zu festem Iod.

B8 Eisblumen an einem Fenster

B9 Raureif auf einer Planze

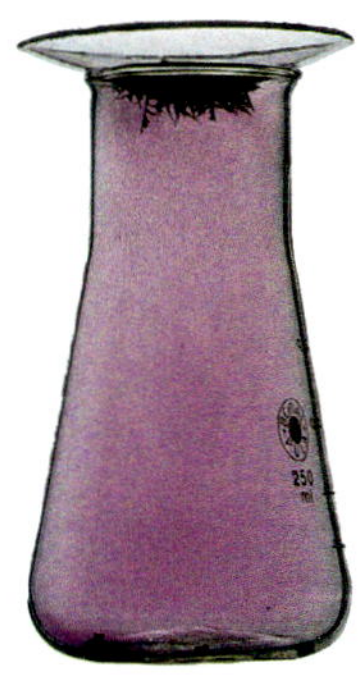

B10 Iod sublimiert.

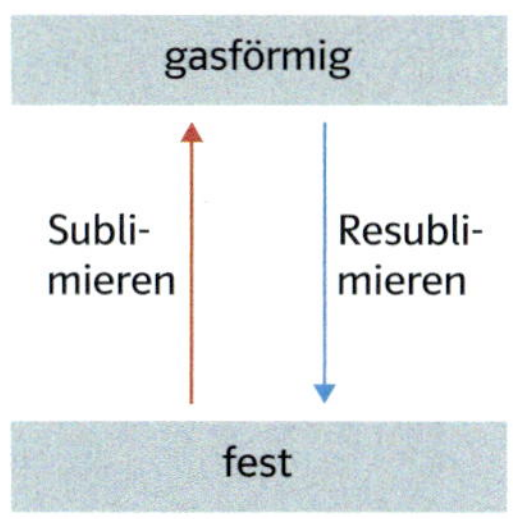

B11 Der flüssige Aggregatzustand wird übersprungen.

Aufgaben

○ **1** Beschreibe die Übergänge zwischen den drei Aggregatzuständen in ganzen Sätzen.

◒ **2** Käse und Wurst trocknen schnell aus, wenn sie offen in der Küche oder im Kühlschrank liegen. Erläutere, woran das liegen könnte.

V1 Iodkristalle werden in einen Erlenmeyerkolben gegeben und dieser mit einem Uhrglas bedeckt. Der Kolben wird im Wasserbad unter dem Abzug erwärmt. Auf das Uhrglas wird ein Eiswürfel zur Kühlung gegeben.

2.13 Schmelz- und Siedetemperaturen bestimmen

V1 Sieden von Wasser

Material: Schutzbrille, Gasbrenner, Gasanzünder, Dreifuß, Keramik-Drahtnetz, Stativ, Doppelmuffe, Universalklemme, Becherglas (400 ml), Thermometer, Siedesteinchen, Stoppuhr, Wasser

Durchführung:

a) Baue den Versuch wie im Bild auf. Befestige das Thermometer vorsichtig an der Klemme. Fülle das Becherglas mit 200 ml Wasser. Hänge das Thermometer so ins Wasser, dass es etwa 1 cm tief eintaucht. Lies die Temperatur ab.

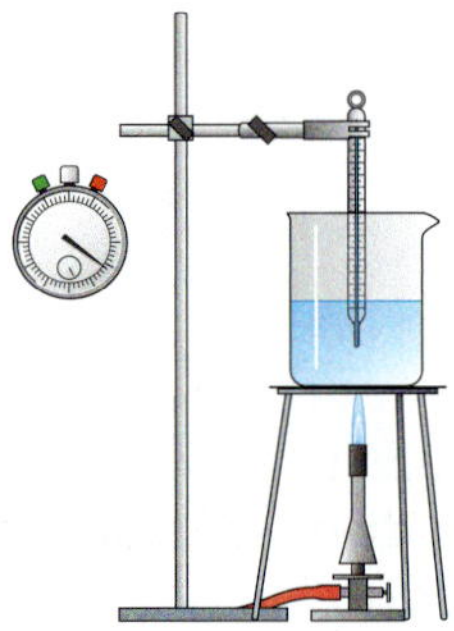

B1 Bestimmung der Siedetemperatur von Wasser

b) Gib einige Siedesteinchen in das Becherglas und erwärme das Wasser mit der nicht leuchtenden Flamme. Lies nun alle 30 Sekunden die Temperatur ab. Notiere Zeiten und Messwerte in einer Tabelle. Der Versuch ist beendet, wenn die Temperatur 3 Minuten lang gleich bleibt.

c) Zeichne ein Diagramm wie in der Abbildung.

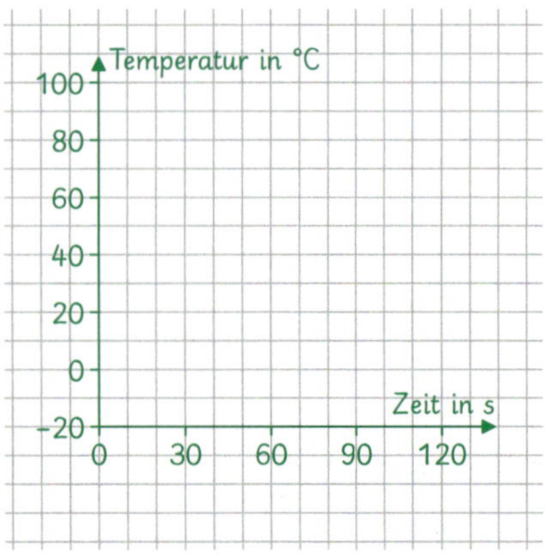

B2 Zeit-Temperatur-Diagramm

d) Übertrage die gemessenen Werte mit der dazugehörigen Zeit in das Diagramm. Verbinde die Punkte im Diagramm zu einer Kurve.

Aufgaben:

1. Werte deine Messkurve aus: Bei welcher Temperatur siedet Wasser? Markiere die Temperatur in deiner Messkurve.
2. Erläutere den Verlauf der Kurve.

V2 Schmelzen von Eis

Material: Schutzbrille, Gasbrenner, Gasanzünder, Dreifuß, Keramik-Drahtnetz, Stativ, Doppelmuffe, Universalklemme, Becherglas, Reagenzglas (Durchmesser 30 mm), Thermometer, Siedesteinchen, Stoppuhr, Wasser, zerkleinertes Eis

Durchführung:

a) Baue den Versuch wie in der Abbildung auf.

b) Erhitze das Wasserbad mit der nicht leuchtenden Flamme. Lies mit Beginn des Erwärmens alle 30 Sekunden die Temperatur ab. Notiere die Zeiten und Messwerte in einer Tabelle. Der Versuch ist beendet, wenn das Eis vollständig geschmolzen ist.

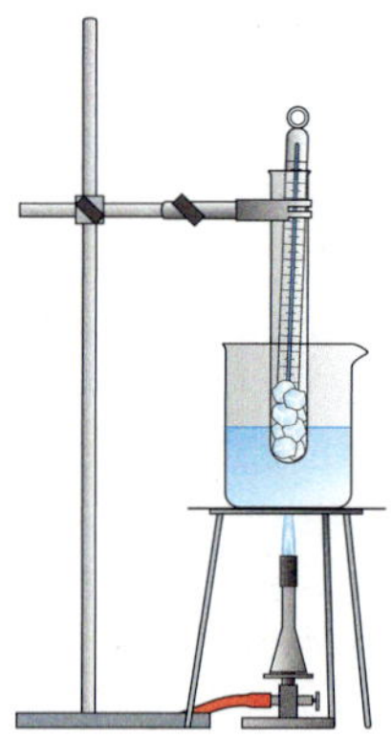

B3 Bestimmung der Schmelztemperatur von Eis

c) Übertrage auch diese Werte in ein geeignetes Zeit-Temperatur-Diagramm.

Aufgaben:

1. Markiere die Schmelztemperatur von Eis in deiner Messkurve.

B1 Eis und Wasser am Nordpol

B2 Kartoffeln kochen in siedendem Wasser.

2.14 Schmelz- und Siedetemperatur

Manche Stoffeigenschaften lassen sich genau messen.

Schmelztemperatur und Siedetemperatur

Wenn man einen Feststoff erhitzt, dann schmilzt er bei einer bestimmten Temperatur und wird flüssig. Das ist die **Schmelztemperatur** dieses Stoffes. Erhitzt man noch weiter, siedet die Flüssigkeit bei einer bestimmten Temperatur und verdampft. Diese Temperatur wird **Siedetemperatur** genannt. Beim Abkühlen ändert sich der Aggregatzustand bei den gleichen Temperaturen wie beim Erhitzen.

Um die Siedetemperatur eines Stoffes zu bestimmen, verfolgt man den Verlauf der Temperatur beim Erhitzen.

Erhitzt man Wasser, so beginnt es bei 100 °C zu sieden. Von nun an zeigt das Thermometer keine weitere Temperaturerhöhung. Die Siedetemperatur von Wasser beträgt 100 °C.

Erstellen eines Messdiagramms

Einen Vorgang wie das Schmelzen oder Verdampfen eines Stoffes kann man durch ein Diagramm verdeutlichen. Um ein **Siedediagramm** von Wasser zu zeichnen, misst man beim Erhitzen die Temperatur in regelmäßigen Zeitabständen. Die Messwerte trägt man zunächst in eine Tabelle ein. Die Messwert-Paare werden dann in ein Diagramm gezeichnet [B3]. Verbindet man die Messpunkte im Diagramm, so entsteht eine Kurve, die beim Erreichen der Siedetemperatur nicht weiter ansteigt.

Die Schmelz- und Siedetemperaturen sind messbare Stoffeigenschaften.

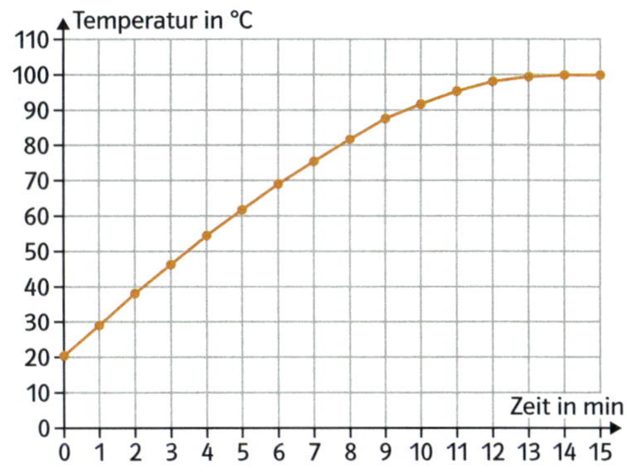

B3 Siedediagramm von Wasser

Aufgaben

○ **1** Nenne zwei messbare Stoffeigenschaften.

◒ **2** Beschreibe die Arbeitsschritte zum Aufnehmen einer Schmelzkurve.

● **3** Recherchiere die Stoffe, die folgende Schmelz- oder Siedetemperaturen aufweisen: a) Siedetemperatur 356 °C, b) Schmelztemperatur −117 °C, c) Siedetemperatur 2 750 °C.

2.15 Modelle helfen verstehen

M 1 Spielzeugmodelle

Die Form eines Modellautos reicht bereits aus, dass ein Kleinkind darin ein Auto erkennt, beispielsweise in einem Holzauto. Viel interessanter ist es, wenn mehr Einzelheiten zu erkennen sind und das Modellauto sogar einen Motor hat. Das Modell ähnelt immer mehr der Wirklichkeit.

B1 Zwei Automodelle

M 2 Ein Modell im Automobilbau

Um im Fahrzeugbau strömungsgünstige Karosserien zu entwickeln, können verkleinerte Modelle aus Holz oder Gips hergestellt und im Windkanal getestet werden.

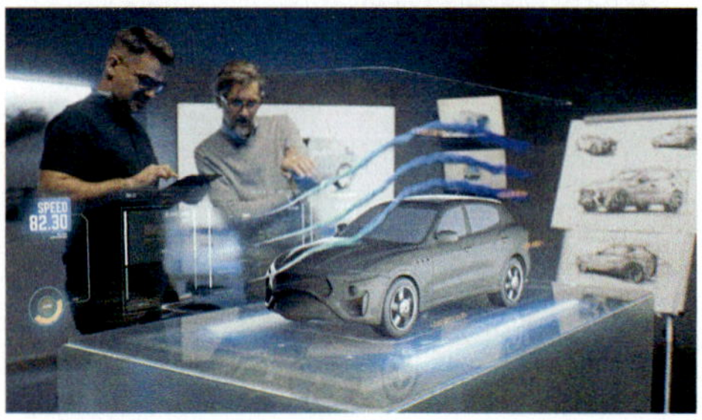

B2 Modell im Fahrzeugbau

M 3 Ein Modell zum Aufbau der Stoffe

Um 400 v. Chr. entwickelte der griechische Philosoph Demokrit eine Vorstellung vom Aufbau der Stoffe: Die Natur setzt sich aus kleinsten, unteilbaren Einheiten, den Atomen, zusammen, die für unsere Augen nicht sichtbar sind.
Diese Atome sind unterschiedlich groß und besitzen die Form von Kugeln, Pyramiden oder auch Würfeln. Die Atome können sich wie durch Haken und Ösen miteinander verbinden, wodurch die unterschiedlichen Stoffe gebildet werden.

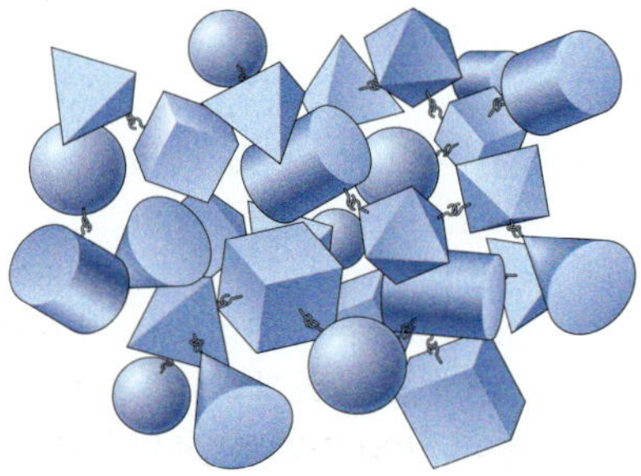

B3 Demokrits Atomvorstellung

M 4 Vorstellungen entwickeln

Lege zu Hause zwei gleichartige Gegenstände in einen Schuhkarton, verschließe ihn und befestige den Deckel. Tauscht in der Klasse die Kartons aus, ohne sie zu öffnen. Bildet Kleingruppen und tauscht eure Vermutungen über die Gegenstände im verschlossenen Karton aus.

Aufgaben

◒ **1** Welche Gemeinsamkeiten und Unterschiede gibt es zwischen dem Spielzeugauto aus Holz und dem ferngesteuerten Modellauto in M1? Erstelle dazu eine Tabelle.

○ **2** Nenne Eigenschaften des Automodells in M2, die für die Untersuchungen im Windkanal von Bedeutung sind.

○ **3** Nenne die Eigenschaften, die Atome nach der Vorstellung von Demokrit haben [M3].

◒ **4** Beschreibe deine Kenntnisse über Atome.

◒ **5** Beschreibe die Beobachtungen, die du mit der Bearbeitung von M4 gemacht hast.

● **6** Erläutere, was die Ermittlung der Vermutungen über die Gegenstände im Karton mit der Untersuchung eines unbekannten Stoffes in der Chemie zu tun hat [M4].

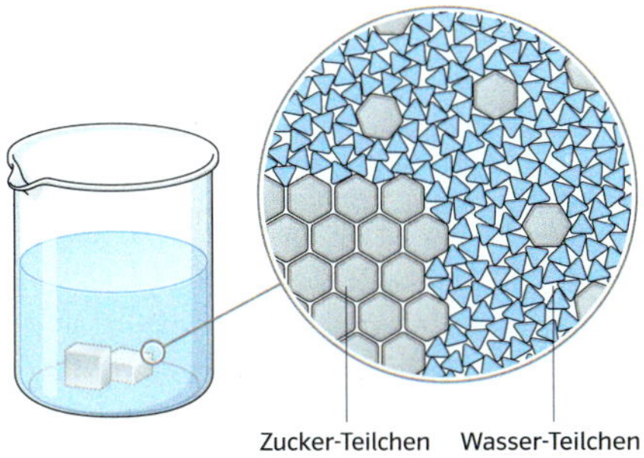

B1 Der Lösungsvorgang im Teilchenmodell

B2 Fruchtig riechende Orangen

2.16 Das Teilchenmodell

Ein Duft breitet sich aus. Zucker löst sich, ist aber noch in der Zuckerlösung vorhanden. Diese Beobachtungen lassen sich mit einer Vorstellung, einem Modell vom Aufbau der Stoffe erklären.

Stoffe bestehen aus Teilchen

Nach diesem Modell bestehen alle Stoffe aus Teilchen, die sich ständig bewegen. Wegen ihrer geringen Größe kann man die Teilchen selbst mit einem sehr starken Mikroskop nicht einzeln wahrnehmen. Die Teilchen eines Stoffes (z. B. Wasser) sind untereinander alle gleich. Sie haben z. B. die gleiche Größe und Form. Die Teilchen verschiedener Stoffe (z. B. Zucker und Wasser) unterscheiden sich voneinander. Den Duft einer Orange nehmen wir wahr, weil sich die Teilchen des Duftstoffes in einem Raum ausbreiten [B2]. Wenn sich der Zucker löst, verteilen sich die Zuckerteilchen gleichmäßig im Lösungsmittel Wasser [B1]. Diese selbstständige Durchmischung von Stoffen, z. B. des Duftstoffes in der Luft oder des Zuckers in Wasser, heißt **Diffusion**.

Nach dem Teilchenmodell besteht jeder Stoff aus kleinen Teilchen, die sich ständig bewegen. Die Teilchen eines bestimmten Stoffes sind untereinander alle gleich.

Modelle haben Grenzen

Das Teilchenmodell ist ein einfaches Modell. Nicht alle Stoffeigenschaften können damit erklärt werden. Es bietet z. B. keine Erklärung für magnetische oder elektrische Eigenschaften eines Stoffes. Wenn sich Versuchsergebnisse mithilfe eines Modells nicht erklären lassen, dann gibt es zwei Möglichkeiten: Entweder das Modell wird so verbessert, dass es auch diese Versuchsergebnisse erklären kann, oder man zieht ein neues, besser geeignetes Modell zur Erklärung heran.

Aufgaben

○ **1** Beschreibe das Lösen von Zucker mit dem Teilchenmodell.

● **2** Ein mit Helium prall gefüllter Luftballon wird allmählich kleiner. Erkläre die beschriebene Beobachtung.

● **3** Recherchiere den Begriff „Brown'sche Bewegung".

V1 Verschließe ein waagerecht eingespanntes Glasrohr (l = 30 cm) an der einen Seite mit einem Stopfen. Lege in das andere Ende des Glasrohres ein Stückchen Filterpapier, das mit einem Tropfen Parfüm getränkt ist, und verschließe auch dieses Ende des Rohres. Prüfe nach ca. 10 min am entfernten Ende des Rohres, ob Parfümgeruch feststellbar ist.

B1 Eis schmeckt immer.

B2 Schwitzen nach dem Sport

2.17 Teilchenmodell und Aggregatzustände

Eis ist fest, beim Lutschen wird es flüssig. Schweiß verdunstet an der Luft: Aggregatzustände und ihre Übergänge begegnen uns täglich. Mit dem Teilchenmodell kann man diese Erscheinungen erklären [B3].

Stoffe im festen Zustand

Um einen Glasstab zu zerbrechen oder einen Eisennagel zu verbiegen, muss man Kraft aufwenden. Die Teilchen eines Feststoffes lassen sich nämlich nur schwer voneinander trennen oder gegeneinander verschieben. Sie können sich zwar an ihren Plätzen hin- und herbewegen, aber ihre Plätze nicht verlassen. Je größer die Anziehungskräfte zwischen den Teilchen sind und je dichter sie gepackt sind, desto härter ist der Stoff. Da die Teilchen dicht nebeneinanderliegen, lässt sich ein Feststoff kaum zusammendrücken.

Stoffe im flüssigen Zustand

Auch Flüssigkeiten lassen sich kaum zusammendrücken. Sie haben aber keine feste Form, sind beweglich und passen sich jeder Gefäßform an. Die Anziehungskräfte zwischen den Teilchen sind geringer als bei Feststoffen. Die Teilchen lassen sich gegeneinander verschieben.

Stoffe im gasförmigen Zustand

Füllt man eine Kunststoff-Spritze mit Luft und verschließt die Öffnung, so kann man die Luft in der Spritze zusammendrücken. Die Teilchen eines Gases haben große Abstände zueinander. Mit Druck kann man die Teilchen näher aneinanderpressen.

Schmelzen

Die Teilchen im Eis sind regelmäßig angeordnet und bewegen sich kaum. Die Anziehungskräfte zwischen den Teilchen sorgen dafür, dass der Feststoff zusammenhält. Beim Erwärmen bewegen sich die Teilchen schneller. Schließlich sind die Bewegungen so stark, dass die Teilchen ihre Plätze verlassen. Die regelmäßige Anordnung geht verloren. Der Feststoff schmilzt. Je größer die Anziehungskräfte zwischen den Teilchen sind, desto höher ist die Schmelztemperatur des Stoffes. Eis schmilzt bei 0 °C.

Verdampfen

Wird das flüssige Wasser weiter erhitzt, so bewegen sich die Teilchen des Wassers noch schneller. Die Abstände zwischen den Teilchen werden größer, sodass die Anziehungskräfte kaum noch wirksam sind. Die Teilchen verlieren ihren Zusammenhalt: Das Wasser verdampft.

Kondensieren und Erstarren

Kühlt man gasförmigen Wasserdampf ab, so kondensiert das Wasser. Die Teilchenbewegung verringert sich, die Abstände zwischen den Teilchen werden kleiner. Es entsteht eine Flüssigkeit. Bei weiterem Abkühlen unter die Schmelztemperatur erstarrt das Wasser zu Eis. Die Bewegung der Teilchen wird noch

Chemie-Box

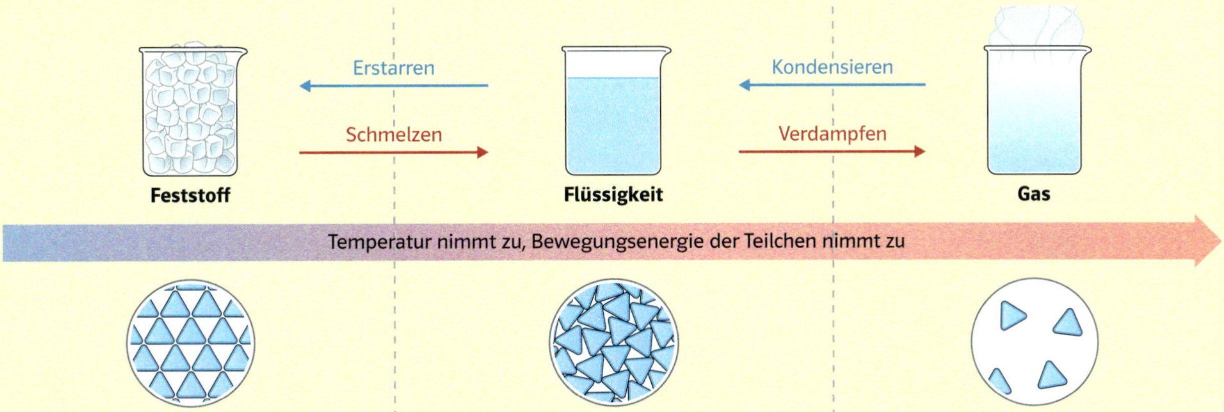

Die Teilchen eines Feststoffes liegen dicht beieinander; sie bewegen sich um ihre festen Plätze hin und her. Die Anziehungskräfte zwischen den Teilchen sind stark.

Die Teilchen einer Flüssigkeit nehmen keine festen Plätze ein und bewegen sich gegeneinander. Die Energie der Teilchen einer Flüssigkeit ist größer als die der Teilchen eines Feststoffs. Daher können sich die Anziehungskräfte zwischen den Teilchen einer Flüssigkeit nicht mehr so gut auswirken wie im Feststoff.

Die Teilchen eines Gases bewegen sich ungeordnet im gesamten Raum. Die Abstände zwischen den Teilchen sind größer als in der Flüssigkeit. Die Teilchen haben so viel Energie, dass sich die Anziehungskräfte zwischen den Teilchen nicht mehr auswirken können.

B3 Die Aggregatzustände und ihre Übergänge. Oben: Stoffebene, unten: Teilchenebene

geringer und sie ordnen sich regelmäßig an. Diese regelmäßige Anordnung kann man gut bei der Bildung von Eiskristallen beobachten.

Verdunsten

Wasser kann auch bei Zimmertemperatur gasförmig werden. Man sagt, es verdunstet. Das lässt sich so erklären: An der Wasseroberfläche wirken die Anziehungskräfte nicht mehr von allen Seiten auf die einzelnen Teilchen. Teilchen an der Oberfläche können deshalb die Anziehung überwinden und den Teilchenverband verlassen.

Liegen die Teilchen dicht beieinander und bewegen sich wenig, so sind die Anziehungskräfte zwischen ihnen stark. Der Stoff ist fest. Durch Erwärmen verstärkt sich die Teilchenbewegung. Der Abstand zwischen den Teilchen wird größer, die Anziehungskräfte zwischen ihnen wirken weniger. Der Stoff wird erst flüssig und dann gasförmig.

Aufgaben

○ **1** Beschreibe die Anziehungskräfte und Abstände zwischen den Teilchen bei den drei Aggregatzuständen.

○ **2** Wasser wird erhitzt. Beschreibe den Vorgang mithilfe der Teilchenvorstellung.

◒ **3** Erkläre das Erstarren von Wasser mithilfe des Teilchenmodells.

● **4** Bei Frost entsteht Raureif. Beschreibe den Vorgang mithilfe des Teilchenmodells.

V1 a) Sauge in eine Kunststoffspritze Wasser ein, sodass die Spritze etwa zur Hälfte gefüllt ist. Verschließe die Öffnung der Kunststoffspritze (z. B. mit dem Daumen). Versuche, das Wasser mit dem Stempel zusammenzudrücken.

b) Sauge in eine Kunststoffspritze Luft ein, sodass die Spritze zur Hälfte mit Luft gefüllt ist. Verschließe die Öffnung der Kunststoffspritze (z. B. mit dem Daumen). Versuche, die Luft mit dem Stempel zusammenzudrücken.

2.18 Aggregatzustände

Nicht nur im Chemieunterricht, sondern auch im Alltag kommst du mit den Aggregatzuständen in Berührung.

Stoffe im flüssigen Zustand

Der flüssige Zustand begegnet dir bei Getränken. Hier sind die Teilchen auch eng zusammen, jedoch noch frei in ihrer Bewegung. Dadurch können flüssige Stoffe fließen und passen sich einer beliebigen Form an.

Stoffe im festen Zustand

Der Rahmen deines Fahrrads darf sich beim Radfahren nicht verbiegen. Daher werden feste Materialien benutzt, bei denen zwischen den Teilchen starke Anziehungskräfte herrschen.

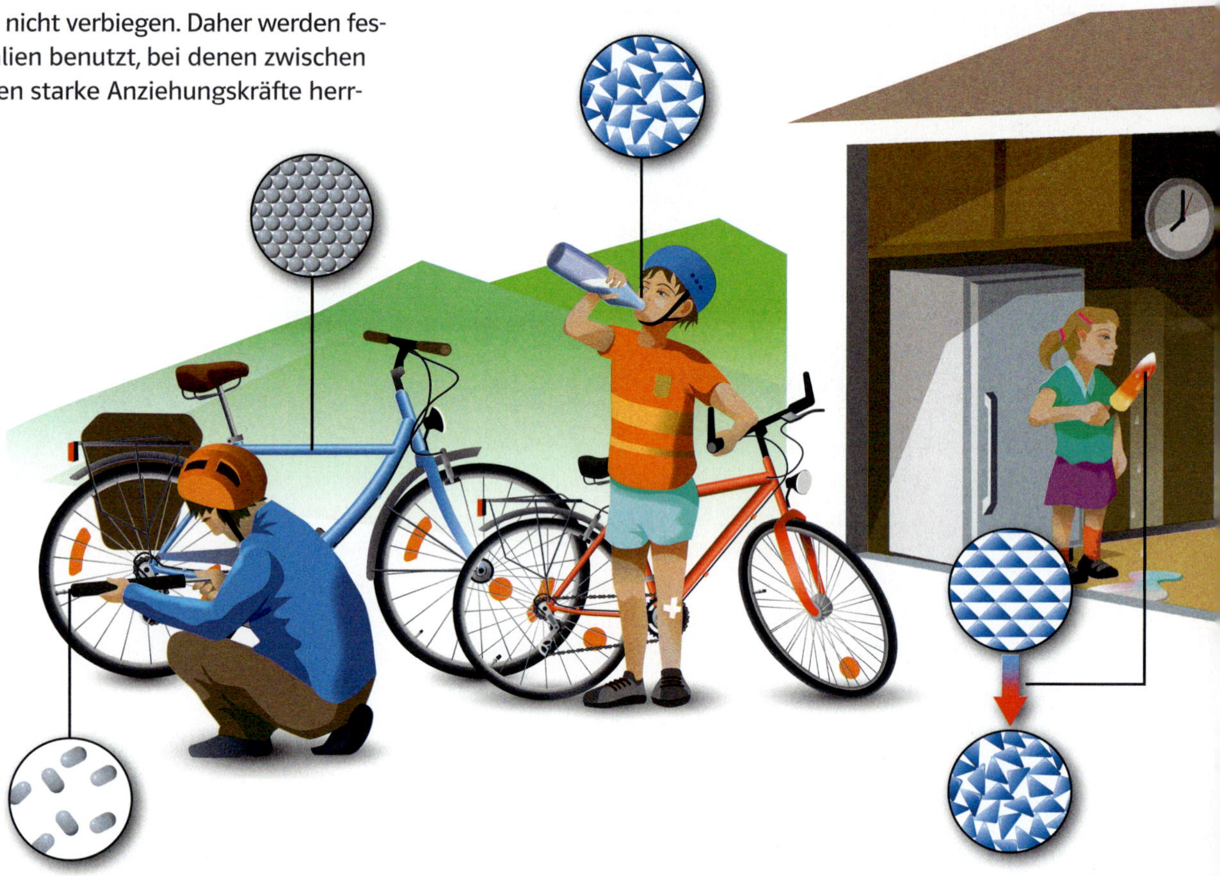

Stoffe im gasförmigen Zustand

Der Reifen eines Fahrrads soll gut rollen und gleichzeitig Stöße abfedern. Deswegen füllt man den Reifen mit Luft. Die Teilchen der Luft bewegen sich frei, stoßen dabei an die Wand des Reifens und geben ihm so seine Form. Da viel Platz zwischen den Teilchen ist, lässt sich der Reifen zusammendrücken.

Schmelzen

Wenn du im Sommer ein Eis isst, beginnt es schnell zu tropfen. Im festen Aggregatzustand halten die Teilchen im Eis zusammen. Durch Energiezufuhr aus der Umgebung bewegen sich die die Teilchen schneller und können sich aus dem festen Verband lösen. Das Eis wird flüssig und kann tropfen.

Verdampfen

Wenn du Nudelwasser kochst, führst du durch das Kochfeld Energie zu. Dadurch bewegen sich die Wasser-Teilchen schneller. Mit steigender Temperatur können immer mehr Teilchen die Anziehungskräfte überwinden und in die Luft entweichen. Das flüssige Wasser verdampft zu gasförmigem Wasser.

Kondensieren

Beim Kochen können die Scheiben in der Küche beschlagen. Durch das Kochen ist viel gasförmiges Wasser in der Luft. Gelangen die Wasser-Teilchen an die kalten Fensterscheiben, verringert sich ihre Geschwindigkeit.
Die Anziehungskräfte wirken stärker und der Abstand zwischen den Teilchen verringert sich. Das gasförmige Wasser kondensiert zu flüssigem Wasser und ist auf der Fensterscheibe sichtbar.

Viele Beobachtungen des Alltags kann man mithilfe der Aggregatzustände und der Teilchenvorstellung erklären. Auch Übergänge zwischen verschiedenen Aggregatzuständen lassen sich im Alltag häufig beobachten und mit der Teilchenvorstellung erklären.

Erstarren

Brennt eine Kerze, kannst du oben flüssiges Wachs erkennen. Sobald die Kerze ausgepustet wird, gibt es keine wärmeabstrahlende Flamme mehr. Dadurch verringert sich die Geschwindigkeit der Wachs-Teilchen und die Anziehungskräfte zwischen ihnen werden stärker. Die Wachs-Teilchen ordnen sich beim Erstarren regelmäßig an. Das flüssige Wachs wird wieder fest.

Aufgaben

◒ **1** Beschreibe die Vorgänge beim Beschlagen des Spiegels beim Duschen.

○ **2** Notiere eigene Beispiele für Aggregatzustandsänderungen aus dem Alltag.

B1 Ätherische Öle sind flüchtige Stoffe.

B2 Salze: Gips, Calcit und Kupfersulfat

B3 Rohre aus dem Metall Kupfer

2.19 Stoffe und Stoffklassen

Untersucht man mehrere Eigenschaften eines Stoffes und listet sie auf, so kann man den Steckbrief eines Stoffes erstellen.

Anhand ihrer Eigenschaften kann man die Stoffe in Stoffklassen einteilen. Drei wichtige **Stoffklassen** sind die folgenden.

Metalle
Metalle haben als kompakte Stücke einen typischen Oberflächenglanz und sind verformbar durch Hämmern, Biegen oder Walzen. Sie leiten den elektrischen Strom und zeigen eine gute Wärmeleitfähigkeit [B3].

Salze
Stoffe, die wie Kochsalz Kristalle bilden können, hart und spröde sind und eine hohe Schmelztemperatur haben, zählt man zu den Salzen [B2]. Viele Salze lösen sich in Wasser, wenn auch ihre Löslichkeiten recht unterschiedlich sind. Außer Kochsalz gehören in diese Stoffklasse z. B. Gips, Calcit und Kupfersulfat.

Flüchtige Stoffe
Stoffe, die niedrige Schmelz- und Siedetemperaturen haben, werden zur Gruppe der flüchtigen Stoffe gerechnet. Die meisten dieser Stoffe sind bei Zimmertemperatur flüssig oder gasförmig, sie leiten den elektrischen Strom nicht. In diese Stoffklasse gehören z. B. Wasser, Alkohol, ätherische Öle [B1] und alle Gase.

Stoffe lassen sich aufgrund gemeinsamer Eigenschaften Stoffklassen zuordnen.

Weitere Stoffe
Nicht alle Stoffe können in diese drei Stoffklassen eingeordnet werden. So gehört Zucker z. B. nicht in die Stoffklasse der Salze, obwohl er Kristalle bildet und sich gut in Wasser löst. Auch Eiweiß, Stärke und Kunststoffe gehören zu keiner dieser Stoffklassen.

Aufgaben

○ **1** Gib an, welche Eigenschaften für Metalle typisch sind.

◒ **2** Erstelle eine Tabelle zu den Eigenschaften der Stoffklassen flüchtige Stoffe, Salze und Metalle.

● **3** Erstelle einen Steckbrief von Kochsalz, chemischer Name: Natriumchlorid.

● **4** MK Recherchiere, zu welchen Stoffklassen die folgenden Stoffe gehören: Blei, Benzin, Sauerstoff, Marmor, Polyethen (Polyethylen, PE).

2.20 Stoffe – ein kleines Rätsel

M1

1

2

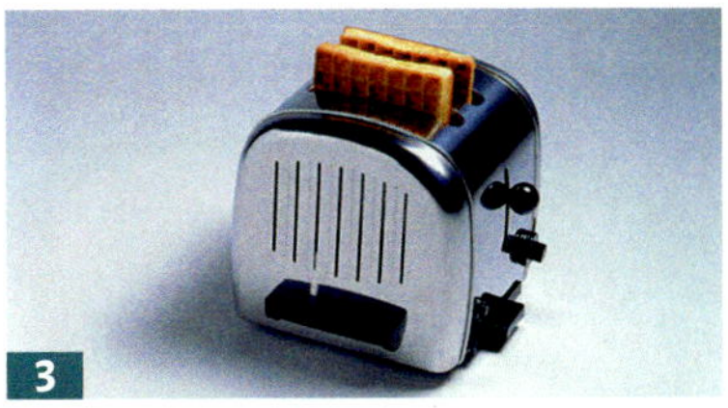
3

4

5

6

7

8

9

A Bildet farblose, häufig würfelförmige Kristalle; lebensnotwendig, sollte aber nicht überdosiert werden

B Dieser Stoff bildet schöne blaue Kristalle, er ist gut in Wasser löslich, wird häufig und erfolgreich zum Kristallzüchten eingesetzt

C Ein in Wasser nicht lösliches Nichtmetall, bei seiner Verbrennung entsteht ein stechend riechendes, giftiges Gas

D Silberglänzendes, zähes Metall, wegen seines schönen, glänzenden Aussehens wird es häufig zum Verschönern von Gegenständen (z. B. Badarmaturen, Küchengeräten) verwendet

E Ein blaugraues, giftiges, weiches Metall; wichtiges Gebrauchsmetall für Gewichte, Dachabdeckungen und Autobatterien

F Das häufigste Gebrauchsmetall unserer Zeit. Brücken, Tore, Nägel, Zäune und vieles mehr bestehen zum Großteil aus ihm

G Ist giftig, silbrig glänzend und als einziges Metall bei Zimmertemperatur flüssig

H Bildet mit Wasser saure Lösungen und kann aus Zitrusfrüchten gewonnen werden

I Ist ein silberglänzendes Metall, das zu den „Seltenen Erden" gehört, wird in sehr starken Dauermagneten verwendet

Aufgaben

○ **1** Ordne den Abbildungen die Informationen richtig zu und gib den Namen des jeweiligen Stoffs an.

◒ **2** MK Ermittle, um welches Metall es sich handelt: „Seine Schmelztemperatur ist niedriger als die von Gold, aber höher als die von Germanium." Nutze dazu Tabellenwerke bzw. das Internet.

2.21 Weißen Stoffen auf der Spur

Im Haushalt findest du viele weiße Stoffe, die ähnlich aussehen. Sie unterscheiden sich aber in ihren Eigenschaften.

V1 Untersuchung mit den Sinnen

Material: 3 Uhrgläser, Spatel, Lupe, Kochsalz, Haushaltszucker, Mehl

Durchführung:

a) Gib mit einem Spatel einige Kristalle Kochsalz auf ein Uhrglas. Prüfe Farbe und Form der Kristalle mit der Lupe. Teste auch den Geruch.

b) Wiederhole den Versuch mit Haushaltszucker und anschließend mit Mehl.

Aufgaben:

1. Erstelle für jeden Stoff einen Steckbrief und notiere deine Beobachtungen.

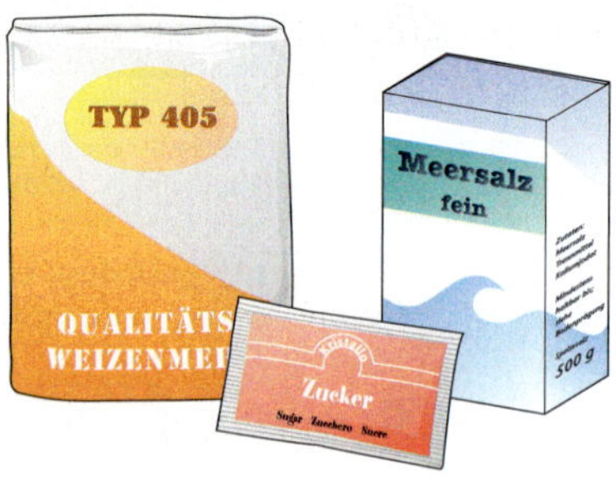

B1 Weiße Stoffe im Haushalt

V2 Löslichkeit

Material: 3 Bechergläser (100 ml), Glasstab, Spatellöffel, Wasser, Kochsalz, Haushaltszucker, Mehl

Durchführung:

a) Fülle 50 ml Wasser in ein Becherglas. Gib einen halben Spatellöffel Kochsalz in das Wasser und rühre mit dem Glasstab um. Löst sich der Stoff in Wasser?

b) Wiederhole den Versuch mit Haushaltszucker und anschließend mit Mehl.

Aufgaben:

1. Notiere deine Beobachtungen in den Steckbriefen.

V3 Verhalten der Stoffe beim Erwärmen

Material: Schutzbrille, Gasbrenner, Gasanzünder, 3 Reagenzgläser, 2 Adsorptionsstopfen, Reagenzglasgestell, Reagenzglashalter, Spatel, Kochsalz, Haushaltszucker, Mehl

Durchführung:

a) Fülle eine Spatelspitze Kochsalz in ein Reagenzglas. Verfahre mit Haushaltszucker und Mehl genauso.
Verschließe die Reagenzgläser, die Haushaltszucker und Mehl enthalten, mit einem Adsorptionsstopfen.

b) Erhitze die Stoffe nacheinander für höchstens 1 Minute. Halte dazu das Reagenzglas mit dem Reagenzglashalter in die nicht leuchtende Brennerflamme.

Aufgaben:

1. Notiere deine Beobachtungen wieder in den Steckbriefen.
2. Vergleiche Kochsalz, Haushaltszucker und Mehl. Notiere Gemeinsamkeiten und Unterschiede.
3. Beurteile, ob die überprüften Eigenschaften ausreichen, um die Stoffe voneinander zu unterscheiden.

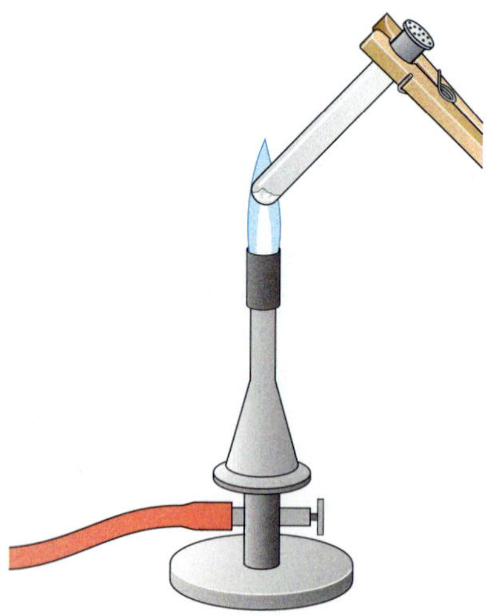

B2 Vorsichtiges Erwärmen der weißen Stoffe

2.22 kompakt

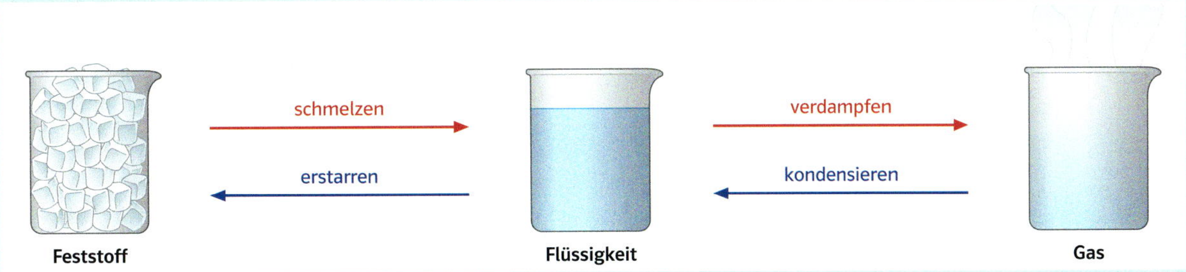

B1 Die Änderungen der Aggregatzustände

Gegenstand und Stoff

Gegenstände haben immer eine bestimmte Form. Gegenstände bestehen aus Stoffen. Ein Gegenstand kann aus verschiedenen Stoffen hergestellt sein. Genauso können aus einem Stoff viele unterschiedliche Gegenstände hergestellt werden.

Die Stoffeigenschaften

Jeder Stoff hat bestimmte, für ihn typische Eigenschaften, die man in einem Steckbrief zusammenfassen kann. Manche Stoffeigenschaften sind mit den Sinnen oder einfachen Hilfsmitteln zu bestimmen, z. B. Farbe, Geruch, Härte und Verformbarkeit.
Andere Stoffeigenschaften sind messbar, z. B. Siedetemperatur und Schmelztemperatur.
Die Stoffeigenschaften bestimmen darüber, wie ein Stoff verwendet wird.

Schmelz- und Siedetemperatur

Die Schmelztemperatur ist die Temperatur, bei der ein Stoff vom festen in den flüssigen Zustand übergeht. Bei der Siedetemperatur geht ein Stoff vom flüssigen in den gasförmigen Zustand über.

Löslichkeit

Die Löslichkeit eines Stoffes gibt an, wie viel Gramm eines Stoffes sich bei einer bestimmten Temperatur in 100 g Lösungsmittel (z. B. Wasser) lösen. Die Löslichkeit vieler Stoffe nimmt mit steigender Temperatur zu.

Saure und alkalische Lösungen

Mit Indikatoren kann man ermitteln, ob eine Lösung sauer, neutral oder alkalisch ist.

Elektrische Leitfähigkeit

Bringt man einen Stoff in einen Stromkreis und es fließt ein Strom, so besitzt der Stoff elektrische Leitfähigkeit. Metalle leiten den elektrischen Strom. Stoffe wie Holz, Glas und die meisten Kunststoffe leiten den elektrischen Strom nicht. Sie sind elektrische Nichtleiter (Isolatoren).

Wärmeleitfähigkeit

Die Wärmeleitfähigkeit gibt an, wie gut ein Stoff Wärme transportieren kann.
Metalle sind gute Wärmeleiter. Holz und Kunststoffe sind schlechte Wärmeleiter.

Stoffklassen

Stoffe mit gemeinsamen Kombinationen von Eigenschaften lassen sich zu Stoffklassen zusammenfassen. Wichtige Stoffklassen sind die Gruppen der flüchtigen Stoffe, der Salze und der Metalle.

Metalle

Metalle haben als kompakte Stücke einen typischen Oberflächenglanz und sind verformbar. Metalle leiten den elektrischen Strom und zeigen eine gute Wärmeleitfähigkeit.

Teilchenmodell und Aggregatzustand

In einem Feststoff liegen die Teilchen dicht beieinander und bewegen sich wenig; die Anziehung zwischen den Teilchen ist groß. Durch Erwärmen verstärkt sich die Bewegung der Teilchen, der Abstand zwischen den Teilchen wird größer. Dadurch können sich die Anziehungskräfte nicht mehr so gut auswirken. Der Stoff wird erst flüssig, dann gasförmig [B1].

B1 Eine Mindmap zu wichtigen Stoffeigenschaften

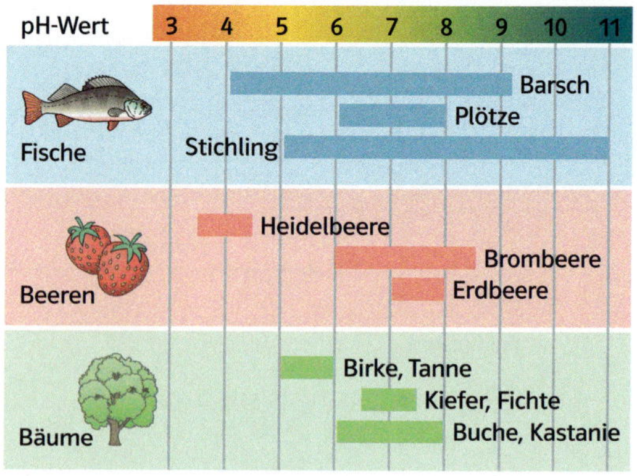

B2 Optimale pH-Bereiche für Fische und Pflanzen in Gewässern und Böden

Aufgaben

○ **1** Beschreibe anhand eines selbst gewählten Beispiels den Unterschied zwischen Gegenstand und Stoff.

◒ **2** Übertrage die Mindmap in eine Tabelle und ordne jeder Stoffeigenschaft einen typischen Stoff aus deiner alltäglichen Umgebung zu [B1].

○ **3** Beschreibe mit Fachbegriffen:
a) Was geschieht, wenn Wasser unter 100 °C abgekühlt wird?
b) Was geschieht, wenn Wachs erhitzt wird, bis es gasförmig ist?

◒ **4** Erstelle einen Steckbrief für Wasser.

○ **5** Metalle werden wegen ihrer Stoffeigenschaften häufig als Werkstoffe verwendet.
a) Nenne mindestens zwei Metalle als Beispiele.
b) Erkläre den Zusammenhang zwischen den Stoffeigenschaften der Metalle und ihrer Verwendung.

● **6** Sara gibt in 20 g Wasser so lange Kochsalz, bis sie eine gesättigte Lösung erhält. Nachdem sie 7,2 g Kochsalz zum Wasser gegeben hat, löst sich kein weiteres Kochsalz in den 20 g Wasser. Berechne die Löslichkeit des Kochsalzes in Wasser (bezogen auf 100 g Wasser).

◒ **7** Neben Wasser gibt es andere Flüssigkeiten, die als Lösungsmittel geeignet sind. Welches Lösungsmittel würdest du auswählen, um einen Fettfleck zu entfernen? Begründe deine Entscheidung.

● **8** Beim Erhitzen von Wasser entweicht die darin gelöste Luft. Was folgt daraus für die Löslichkeit von Luft in Wasser? Erkläre.

◒ **9** Gib an, bei welchem pH-Wert im Gartenboden Erdbeeren am besten gedeihen. Begründe, warum Heidelbeeren im gleichen Boden kaum wachsen können. Gibt es einen pH-Bereich, der für alle Tiere und Pflanzen optimal ist [B2]?

● **10** Die Großmutter hat fünf weiße Stoffe (Zucker, Kochsalz, Citronensäure, Kartoffelmehl und Natron) in der Küche in neue Glasgefäße abgefüllt. Leider hat sie die Beschriftung vergessen. Wie kannst du ermitteln, welcher Stoff sich in welchem Glas befindet? Eine Geschmacksprobe erlaubt die Großmutter nicht.
a) Stelle einen Lösungsvorschlag zusammen, welche Möglichkeiten es gibt, um die fünf Stoffe ohne Geschmacksprobe zu erkennen.
b) Diskutiere mit deiner Mitschülerin oder deinem Mitschüler die verschiedenen Vorschläge.

◒ **11** Gib an, welche Vorgänge durch die Begriffe Sublimation und Resublimation gekennzeichnet werden.

● **12** Der Duft eines Parfüms, das in einem offenen Gefäß auf den Tisch gestellt wird, ist nach einiger Zeit im ganzen Raum wahrnehmbar.
a) Nenne den Fachausdruck für diese selbstständig erfolgende Durchmischung.
b) Erkläre die ablaufenden Vorgänge mit dem Teilchenmodell.

3 Mischen und Trennen

Eine Aufgabe in der Chemie ist es, aus Gemischen Reinstoffe zu gewinnen. Die Trennverfahren werden durch die Eigenschaften der Stoffe bestimmt.

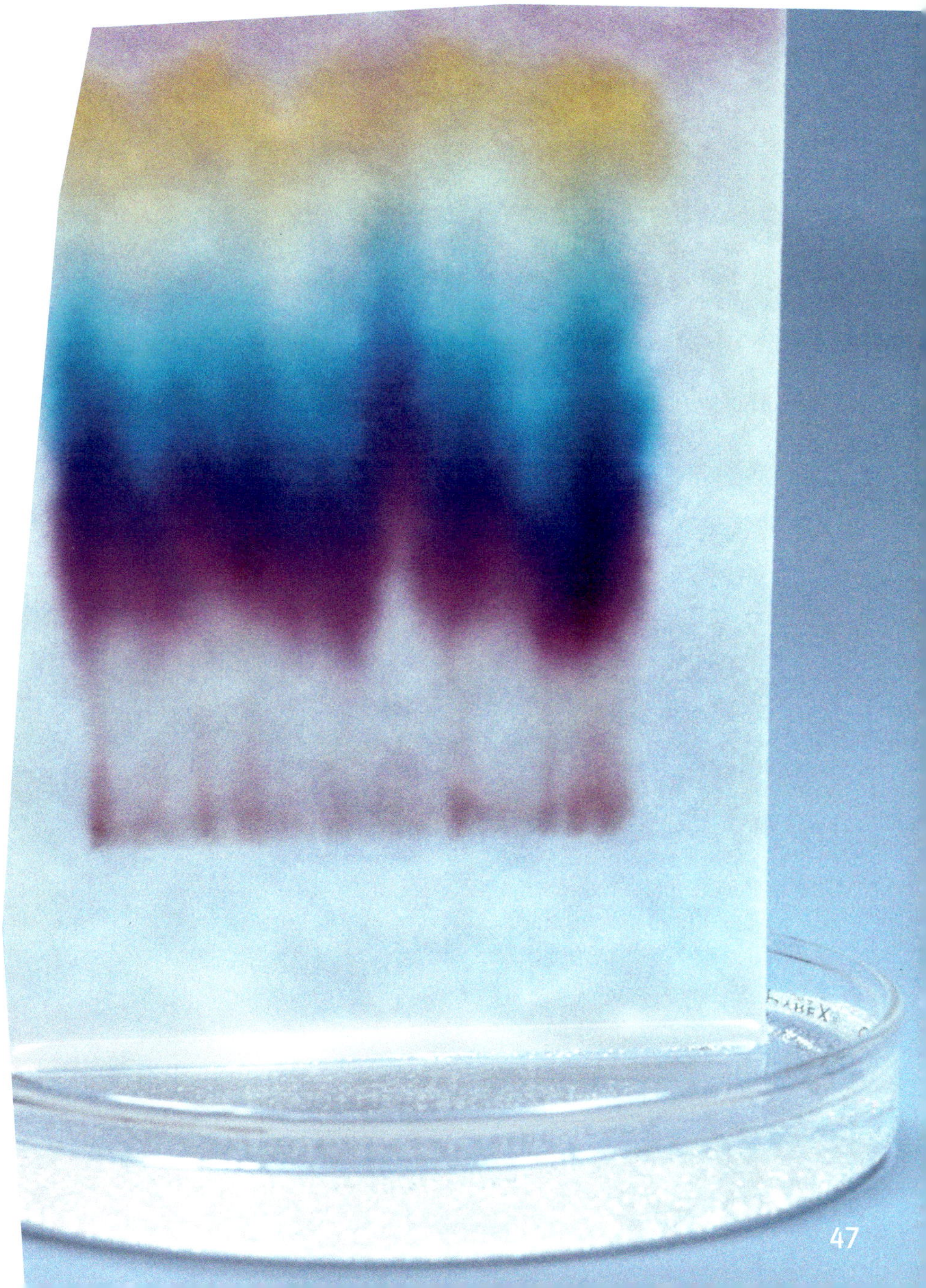

3.1 Wir untersuchen Lebensmittel

Einige Krümel Brausepulver auf der Zunge schmecken sauer, süß und kribbeln. Zucker, Weinsäure und Natron sind die Hauptbestandteile des Brausepulvers und bewirken diesen Geschmack.

V1 Wir stellen Brausepulver her

Material: 2 Trinkgläser, 3 kleine Petrischalen, 6 Reagenzgläser, Glasstab, Reagenzglasgestell, Teelöffel, Natron, Weinsäure, Zucker, Wasser

Durchführung:

a) Lass dir von deiner Lehrkraft jeweils eine kleine Portion Zucker, Weinsäure und Natron in die drei kleinen Petrischalen geben. Mische vorsichtig jeweils einen halben Teelöffel der drei Stoffe im Trinkglas. Ausnahmsweise darfst du vorsichtig eine Geschmacksprobe nehmen. Füge weitere kleine Portionen der drei Stoffe hinzu, bis du ein schmackhaftes Brausepulver hergestellt hast.

b) Fülle einen halben Teelöffel deines Brausepulvers in das zweite Trinkglas und gib etwa 20 ml Wasser hinzu. Beobachte.

c) Ermittle, welche Stoffe des Brausepulvers die Bläschenbildung verursachen. Verteile dazu folgende Proben in die sechs Reagenzgläser: 1: Natron 2: Zucker 3: Weinsäure 4: Natron + Zucker 5: Natron + Weinsäure 6: Zucker + Weinsäure
Fülle jedes Reagenzglas etwa zu einem Drittel mit Wasser. Beobachte genau.

Aufgaben:

1. Vergleiche die Zutatenliste eines Orangensaftes, eines Orangensaftgetränkes und einer Orangenlimonade.
2. (MK) Recherchiere im Internet die Bedeutung des Begriffs „Lebensmittel".

V2 Wir untersuchen Früchtetee

Material: Petrischale, Lupe, Pinzette, Teelöffel, Früchtetee-Mischung

Durchführung:

a) Gib zwei Teelöffel der Früchtetee-Mischung in die Petrischale. Betrachte die Teemischung sorgfältig mit der Lupe. Sortiere die Bestandteile mit der Pinzette nach dem Aussehen. Notiere die Anzahl der Bestandteile.

b) Vergleiche die Bestandteile, die du gefunden hast, mit der Zutatenliste auf der Verpackung. Ordne den Bestandteilen die Namen der Zutatenliste zu.

V3 Orangensaft – frisch gepresst

Material: Messzylinder, Trichter, Zitronenpresse, 2 Orangenhälften

Durchführung:

Presse die beiden Orangenhälften nacheinander sorgfältig auf der Zitronenpresse aus. Fülle den ausgepressten Saft mithilfe des Trichters in den Messzylinder. Notiere die Menge an Orangensaft.

Aufgabe:

1. Berechne, wie viele Orangen du benötigst, um einen Liter Orangensaft herzustellen.

B1 Brausepulver mit verschiedenen Geschmacksrichtungen

B1 Müsli ist ein Gemisch.

B2 Zucker ist ein Reinstoff.

3.2 Reinstoffe und Gemische

Vergleichst du Zucker und Müsli miteinander, kannst du im Müsli deutlich verschiedene Bestandteile erkennen. Der Zucker sieht dagegen überall gleich aus [B1, B2].

Hinweis:
In der Chemie werden Gemische auch manchmal als „Stoffgemische" bezeichnet.

Reinstoffe – Stoffe aus nur einer Stoffart

Zucker besteht nur aus einer einzigen Stoffart mit gleichen Eigenschaften. Zucker wird daher als **Reinstoff** bezeichnet.

Reinstoffe sind Stoffe, die nur aus einer Stoffart bestehen.

Stoffe so zu reinigen, dass sie tatsächlich nur noch aus einer Stoffart bestehen, ist sehr schwierig. Selbst Laborchemikalien, die auf dem Etikett mit der Angabe „reinst" versehen sind, enthalten noch sehr geringe Mengen an Verunreinigungen.

Gemische – Stoffe aus mehreren Stoffarten

Im Müsli liegen unterschiedliche Teilchen vor. Müsli ist ein **Gemisch**. Die meisten Stoffe in unserer Umgebung sind Gemische. Dazu gehören beispielsweise Brausepulver, Kosmetika, Waschmittel, Medikamente, Farben oder verschiedene Lebensmittel. Sind mehrere Stoffe miteinander vermischt, spricht man von einem Gemisch.

Gemische enthalten mehr als einen Reinstoff.

Viele Gemische findet man auch in der Natur. Betrachtet man z. B. ein Stück Granit genauer, stellt man fest, dass er aus drei unterschiedlichen Bestandteilen besteht: aus rötlichem Feldspat, aus weißem Quarz und aus schwarzem Glimmer. Häufig wird erst unter der Lupe oder dem Mikroskop sichtbar, dass es sich um ein Gemisch handelt.

Die meisten Stoffe unserer Umwelt sind keine Reinstoffe, sondern Gemische von Reinstoffen.

Aufgaben

○ **1** Gib für die folgenden Stoffe an, ob Reinstoffe oder Gemische vorliegen: Meerwasser, Mineralwasser, Aluminiumfolie, Apfelsaft, Milch, Gold, Eisen, Holzleim, Spülmittel, Kupfer, Tee.

◒ **2** Nenne die Bestandteile der Gemische Mineralwasser, Kochsalzlösung und Milch.

B1 Was sind Milch und Orangensaft für Gemische?

3.3 Heterogene und homogene Gemische

Die meisten Dinge, die uns umgeben, sind Gemische. Doch welche gibt es und wie teilt man sie ein?

Homogen und heterogen

Löst man etwas Zucker in Wasser, dann sieht das entstandene Gemisch wie ein einheitlicher Stoff aus. Selbst unter dem Mikroskop erkennt man die verschiedenen gelösten Bestandteile nicht mehr. Das sind **homogene Gemische**. Gemische, deren Bestandteile dagegen deutlich zu erkennen sind, werden **heterogene Gemische** genannt. Zu den heterogenen Gemischen zählen zum Beispiel Orangensaft, Milch [B1] oder staubige Luft. Beim Granit sind schon mit bloßem Auge verschiedene Bestandteile sichtbar.

Bei heterogenen Gemischen sind die unterschiedlichen Bestandteile zu erkennen. Bei homogenen Gemischen sind sie nicht erkennbar.

In heterogenen Gemischen bleiben die Stoffeigenschaften der Bestandteile erhalten. Homogene Gemische haben nicht die Eigenschaften mehrerer Stoffe, sondern nur einen Satz von Eigenschaften. Betrachtet man z. B. die Siedetemperatur eines homogenen Wasser-Trinkalkohol-Gemisches, so findet man einen ganz anderen Wert als jeweils bei den Einzelbestandteilen Wasser und Trinkalkohol.

Die Bestandteile eines Gemisches können in unterschiedlichen Aggregatzuständen vorliegen. Je nach Aggregatzustand und Löslichkeit der einzelnen Bestandteile gibt es für die jeweiligen Gemische unterschiedliche Bezeichnungen [B2].

Gemische im Teilchenmodell

Während Reinstoffe aus nur einer Teilchenart bestehen, setzen sich Gemische aus mindestens zwei verschiedenen Teilchenarten zusammen. Um sich eine Vorstellung vom jeweiligen Gemisch zu machen, hilft eine Darstellung im Teilchenmodell [B3].

Fachbegriffe für Stoffeigenschaften

Für die verschiedenen Arten von Gemischen gibt es Fachbegriffe. Müsli ist ein heterogenes Gemisch aus verschiedenen festen Bestandteilen. Ein solches Gemisch nennt man **Feststoffgemisch**.
Liegen unlösliche Stoffe fein verteilt in einer Flüssigkeit vor wie bei Orangensaft, so handelt es sich um eine **Suspension**.

Bei einer **Emulsion** ist eine Flüssigkeit in feinen Tröpfchen in einer anderen Flüssigkeit verteilt wie bei Milch.

Verteilen sich feinste Flüssigkeitströpfchen in einem Gas, dann entsteht ein **Nebel**.

Chemie-Box

Benennung der Gemische	Aggregatzustand der Bestandteile	Beispiel
heterogen		
Feststoffgemisch	fest in fest	Müsli
Suspension	fest in flüssig	Orangensaft
Emulsion	flüssig in flüssig	Milch
Rauch	fest in gasförmig	Zigarettenrauch
Nebel	flüssig in gasförmig	Parfümnebel
Schaum	gasförmig in flüssig	Rasierschaum
homogen		
Legierung	fest in fest	Messing
Lösung	fest in flüssig; flüssig in flüssig; gasförmig in flüssig	Zuckerwasser; Tafelessig; Mineralwasser
Gasgemisch	gasförmig in gasförmig	Luft

B2 Einteilung und Benennung von Gemischen

Wenn sich feinste Feststoffpartikel in einem Gas verteilen, wird das Gemisch als **Rauch** bezeichnet.
Liegen feste, flüssige oder gasförmige Bestandteile in gelöster Form in einer Flüssigkeit vor, bezeichnet man ein solches homogenes Gemisch als **Lösung**.

B3 Einige Gemische und deren Darstellung im Teilchenmodell

V1 Betrachte Milch und Zucker-Lösung unter dem Mikroskop. Was stellst du fest?

Aufgaben

○ **1** Entscheide, ob es sich bei folgenden Gemischen um ein homogenes oder heterogenes Gemisch handelt und wie es bezeichnet wird:
a) Benzin und Wasser, b) Sand und Wasser, c) Zucker und Mehl, d) Alkohol und Wasser

◒ **2** In B3 sind verschiedene Gemische als Teilchenmodell dargestellt. Zeichne entsprechende Abbildungen für folgende Gemische aus je zwei Bestandteilen: Legierung, Nebel und Schaum.

3.4 Gemische trennen

V1 Müslitrennung

Material: 1 Packung Müsli, Zahnstocher, Teller

Durchführung:
Gib etwas Müsli auf den Teller. Sortiere die Bestandteile nach ihrer Form, ihrer Farbe und ihrem Geschmack.

B1 Was ist in Müsli enthalten?

Aufgaben:
1. Welche Bestandteile enthält das Müsli? Notiere, was du gefunden hast, und vergleiche das Ergebnis mit den Angaben auf der Packung.
2. Stelle ein Rezept für dein Lieblingsmüsli zusammen.

V2 Gemische trennen

Material: Schutzbrille, Wasser, Teeglas, Teeblätter, Kies, Sand, Wasserkocher

Durchführung:
a) Erhitze das Wasser, bis es kocht. Gieße das heiße Wasser über die Teeblätter im Teeglas.
b) Mische den Kies und den Sand.

Aufgaben:
1. Überlege dir, wie du die Gemische trennen kannst. Beschreibe.
2. Besorge die notwendigen Geräte und trenne die Gemische.

V3 Reinigung von Schmutzwasser

Material: Erlenmeyerkolben (25 ml, Weithals), Becherglas (150 ml, hohe Form), Löffel, Wasser, Sand, Erde

Durchführung:
a) Fülle das Becherglas etwa zur Hälfte mit Wasser und „verschmutze" es mit Sand und Erde.
b) Lass das Gemisch einige Zeit ruhig stehen, damit es sedimentieren kann.

B2 Sedimentieren und Dekantieren

c) Dekantiere dann vorsichtig das überstehende Wasser und gieße es in den Erlenmeyerkolben. Achte darauf, dass weder Sand noch Erde mit abgegossen werden.

Aufgabe:
1. Stelle die dekantierte Flüssigkeit neben ein Becherglas mit reinem Wasser und vergleiche. Erkläre die Unterschiede.

Aufgabe

1 Wie könnte das Versuchsergebnis beim Reinigen von Schmutzwasser weiter verbessert werden? Beschreibe mögliche Vorgehensweisen.

B1 Auch Vögel trennen Gemische.

3.5 Einfache Trennverfahren

Vögel sind wählerisch. Oft picken sie aus einer Futtermischung die Körner heraus, die ihnen am besten schmecken.

Trennen durch Auslesen und Sieben

Dabei nutzen die Vögel ein einfaches Trennverfahren: das **Auslesen**. So können die Bestandteile eines Gemisches z. B. nach Form, Größe oder Farbe sortiert werden.
Sind die Bestandteile eines Gemisches unterschiedlich groß, können diese durch **Sieben** getrennt werden. Siebe werden z. B. in der Küche verwendet.

Windsichten

Um Getreidekörner nach der Ernte von den Getreideresten zu trennen, lässt man das Gemisch im Wind zu Boden rieseln. Das schwere Korn fällt dabei zu Boden, der leichtere Rest wird weggeweht. Das nutzen auch Mähdrescher bei der Ernte.

Sedimentieren und Dekantieren

Flusswasser ist nach einem starken Regen meistens trüb. Lässt man das Wasser jedoch einige Zeit stehen, setzen sich die festen Bestandteile am Boden ab. Das Wasser wird wieder klar. Dieses Absetzen wird **Sedimentieren** genannt. Durch vorsichtiges **Dekantieren** (Abgießen) lässt sich die klare Flüssigkeit vom Bodensatz trennen [B2].

Stoffe können durch Auslesen, Sieben, Wind sichten, Sedimentieren und Dekantieren voneinander getrennt werden.

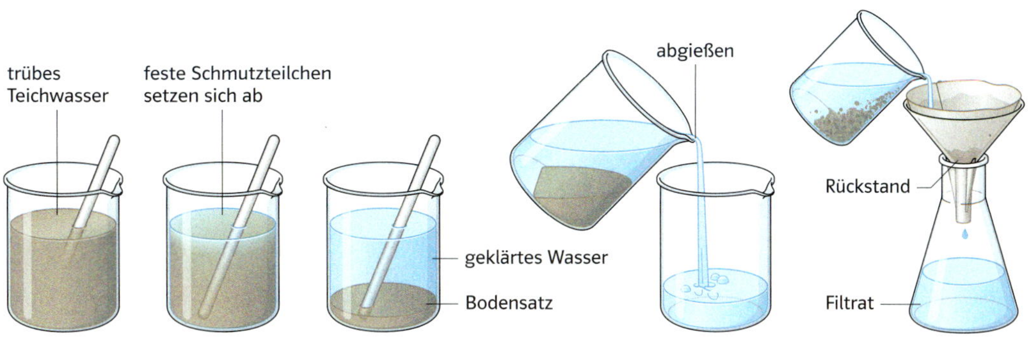

B2 Sedimentieren und Dekantieren

3.6 Kochsalz aus Steinsalz

Kochsalz wird meist aus Steinsalz gewonnen. Hier erfährst du, wie man dieses Gemisch aus Salz und Gestein trennen kann.

V1 Zerkleinern und Lösen in Wasser

Material: Schutzbrille, Reibschale mit Pistill, einige Brocken Steinsalz, Becherglas (250 ml), Spatellöffel, Glasstab, destilliertes Wasser

Durchführung:

a) Zerkleinere das Steinsalz in einer Reibschale mit einem Pistill [B1].

b) Fülle ca. 100 ml destilliertes Wasser in das Becherglas. Gib einen Teil des zerriebenen Steinsalzes dazu und rühre dabei gut um.

V2 Filtrieren

Material: Schutzbrille, Becherglas, Erlenmeyerkolben (250 ml, Enghals), Trichter, Rundfilter, Salzlösung aus V1

Durchführung:

a) Falte den Rundfilter einmal in der Mitte und anschließend ein weiteres Mal, sodass er die Form eines Viertelkreises hat [B2 links].

b) Setze das gefaltete Filterpapier in den Trichter ein und gieße die Salzlösung hinein. Fange das Filtrat im Erlenmeyerkolben auf [B2 rechts].

V3 Eindampfen

Material: Schutzbrille, Gasbrenner, Dreifuß, Keramik-Drahtnetz, Abdampfschale, Tiegelzange, Pinzette, Lupe, Filtrat aus V2

Durchführung:

Erhitze das Filtrat in der Abdampfschale bis zum Sieden [B3]. Stelle den Brenner aus, bevor das letzte Wasser verdampft ist (Vorsicht, Spritzgefahr beim Eintrocknen!). Entnimm mit der Pinzette einige Proben des weißen Rückstandes und betrachte diese mit der Lupe.

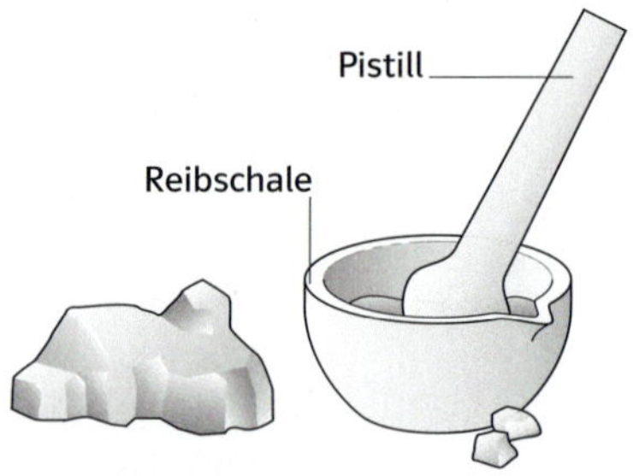

B1 Steinsalz wird zerkleinert.

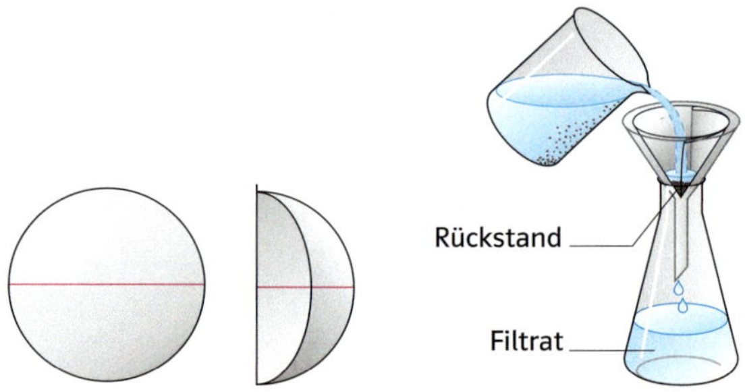

B2 Falten eines Rundfilters und Filtrieren der Lösung

B3 Eindampfen der Lösung

Aufgabe

1 Das Filtrieren hat große Ähnlichkeit mit dem Sieben. Erkläre Gemeinsamkeiten und Unterschiede.

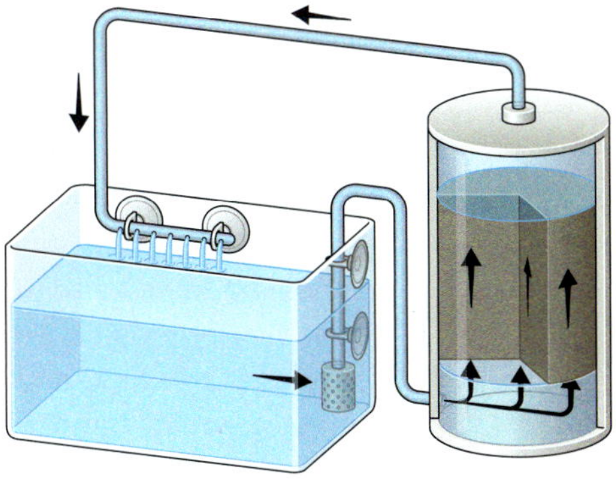

B1 Funktionsweise eines Aquarienfilters

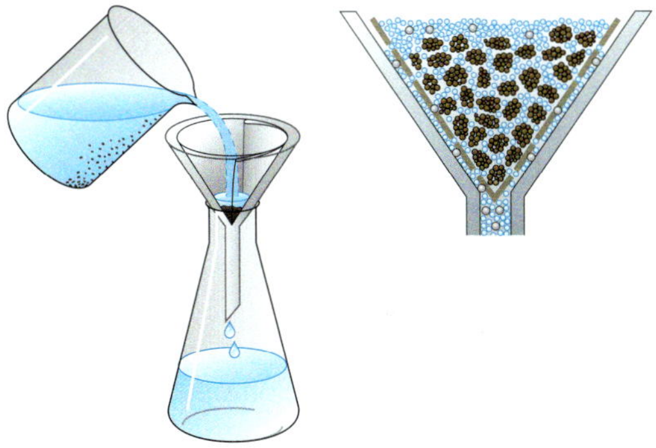

B2 Einsatz von Filtern im Labor und Filtrieren im Teilchenmodell

3.7 Filtrieren und Eindampfen

Fische in einem Aquarium brauchen sauberes Wasser. Damit man das Wasser nicht ständig wechseln muss, pumpt man es durch Filteranlagen.

Filter im Aquarium

Filter in Aquarien können mit Sand und Kies, Filterwatte oder Aktivkohle gefüllt sein. In den engen Zwischenräumen des Filters bleiben die Schmutzteilchen des Aquarienwassers hängen [B2]. Das filtrierte Wasser (Filtrat) wird ins Aquarium zurückgeleitet [B1].

Beim Filtrieren werden ungelöste Feststoffe von einer Flüssigkeit abgetrennt.

Eindampfen in der Küche

Um eine geschmackvolle Bratensoße zu erhalten, wird diese beim Kochen häufig eingedampft. Dabei verdampft ein Teil des Wassers. Die Soße wird beim Eindampfen dickflüssig und schmeckt salziger und intensiver. Vergisst man beim Nudelkochen den Topf mit dem Wasser auf dem Herd, kann es vorkommen, dass das gesamte Wasser verdampft. Zurück bleiben dann die eingedampften Mineralsalze.

Beim Eindampfen verdampft die Flüssigkeit und die Feststoffe bleiben zurück.

Eindampfen im Teilchenmodell

Wird eine Kochsalz-Lösung erhitzt, verlassen die Wasser-Teilchen die Abdampfschale, während die Kochsalz-Teilchen in der Abdampfschale zurückbleiben [B3].

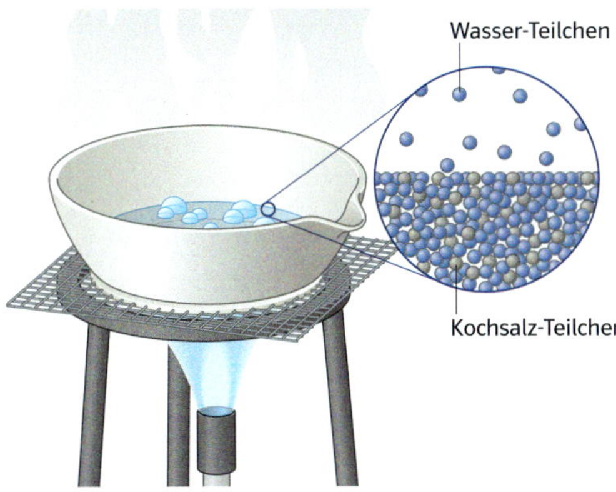

B3 Eindampfen einer Salzlösung im Teilchenmodell

Aufgaben

○ **1** Nenne die Stoffeigenschaft, die beim Filtrieren genutzt wird, um ein Gemisch zu trennen.

◒ **2** Einige Fischarten kann man nur in Salzwasser halten. Begründe, warum im Aquarienfilter das Salz nicht vom Wasser getrennt wird.

3.8 Wir entwickeln eine Destillationsapparatur

V1 Salzlösung herstellen

Material: Becherglas (250 ml), Spatellöffel, Glasstab, Kochsalz, Wasser

Durchführung:
Fülle das Becherglas zu zwei Dritteln mit Wasser und gib einige Spatellöffel Kochsalz hinzu. Rühre mit dem Glasstab, bis sich das Kochsalz gelöst hat.

V2 Süßwasser aus Salzwasser

Material: Schutzbrille, Gasbrenner, Gasanzünder, Dreifuß, Keramik-Drahtnetz, 2 Bechergläser (250 ml und 100 ml), Glasplatte, Reagenzglashalter, Siedesteinchen, Kochsalz-Lösung aus V1

Durchführung:
Fülle das größere Becherglas zur Hälfte mit Kochsalz-Lösung. Gib Siedesteinchen hinzu. Erhitze die Lösung bis zum Sieden. Halte eine Glasplatte mit einem Reagenzglashalter oder einem Kochhandschuh schräg in den Dampf. Fange die kondensierte Flüssigkeit im kleineren Becherglas auf.

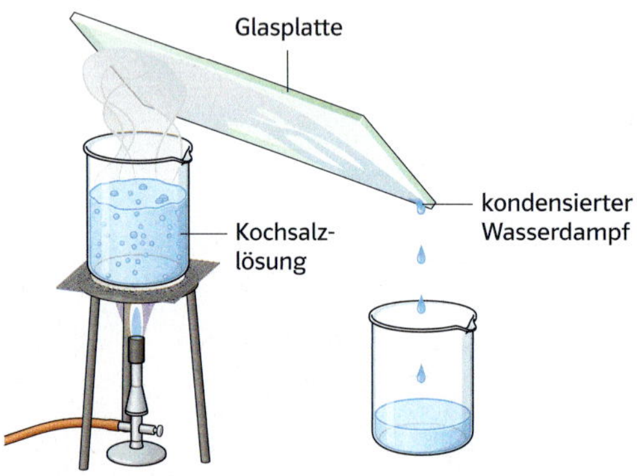

B1 Süßwassergewinnung

V3 Kühlung mit Kaltluft oder im Kühlbad

Material: Schutzbrille, Gasbrenner, Gasanzünder, Stativ, 2 Doppelmuffen, 2 Universalklemmen, Becherglas (250 ml), 2 Reagenzgläser, Glasrohr (ungleichschenklig gewinkelt), Stopfen (einfach durchbohrt), Siedesteinchen, kaltes Wasser, Kochsalz-Lösung aus V1

Durchführung:

a) Fülle das Reagenzglas zu einem Drittel mit Kochsalz-Lösung und einigen Siedesteinchen. Stecke das gewinkelte Glasrohr vorsichtig durch die Bohrung im Stopfen. Verschließe das Reagenzglas mit dem Stopfen. Befestige das Reagenzglas mit der Universalklemme schräg an einem Stativ. Stelle das Becherglas unter das Glasrohr. Erhitze die Kochsalz-Lösung mit der schwach rauschenden Brennerflamme. Fange das Kondensat im Becherglas auf.

b) Fülle das Reagenzglas zu einem Drittel mit Kochsalz-Lösung und einigen Siedesteinchen. Stecke das gewinkelte Glasrohr vorsichtig durch die Bohrung im Stopfen. Fülle das große Becherglas zur Hälfte mit kaltem Wasser. Befestige das andere Reagenzglas so am Stativ, dass es möglichst tief in das Wasser eintaucht. Erhitze das Salzwasser im Reagenzglas mit der schwach rauschenden Brennerflamme.

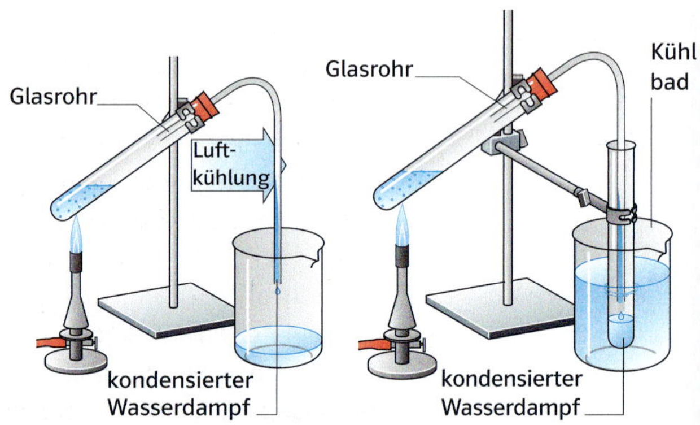

B2 Kühlung mit a) Kaltluft und b) Kühlbad

Aufgabe

1 Bei allen drei Verfahren handelt es sich um unterschiedlich wirkungsvolle Destillationen. Erkläre.

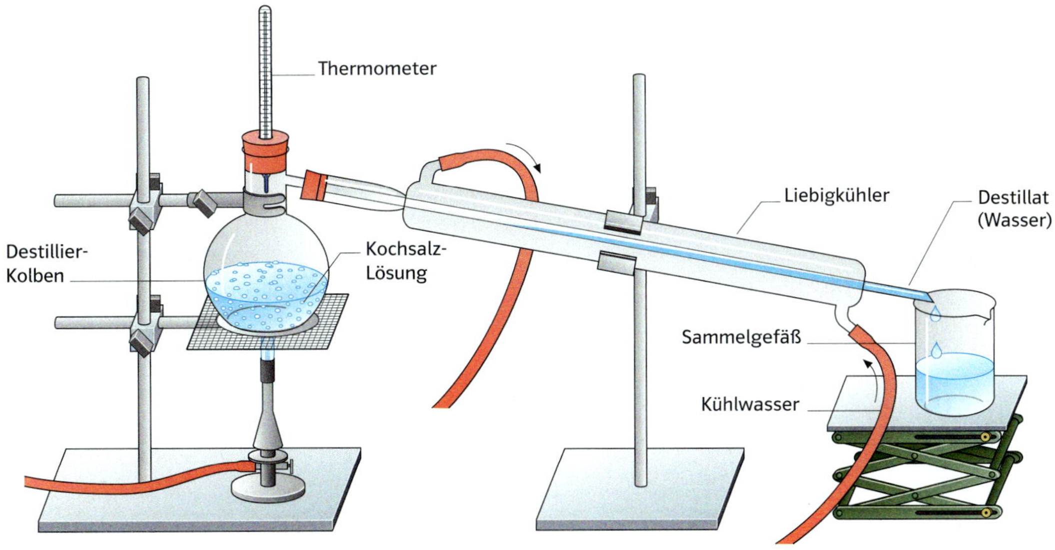

B1 Destillationsapparatur

3.9 Trinkwasser aus Meerwasser

In Ländern am Meer wird ein Teil des Trinkwassers aus Meerwasser gewonnen. Dazu wird Meerwasser in großen Anlagen mit Glasdächern von der Sonne erwärmt [B2].

Trinkwasser aus Meerwasser

Das Wasser verdunstet und kondensiert an den Glasflächen. Von dort aus fließt es in Sammelrinnen zusammen. Das Salz bleibt im restlichen Meerwasser zurück. Das Verdampfen und anschließende Kondensieren einer Flüssigkeit bezeichnet man als **Destillation**.

Destillation im Labor

Im Labor verwendet man dafür eine Destillationsapparatur [B1] mit **Liebigkühler**. Er besteht aus einem Kondensationsrohr und einem Kühlmantel. Beim Destillieren wird der Dampf aus dem Destillierkolben durch das Kondensationsrohr geleitet. Im Kühlmantel strömt in umgekehrter Richtung kaltes Wasser ein. Dadurch ist die Glaswand nach unten hin kühler. Der Dampf kondensiert an der kalten Glaswand. Das so gewonnene **Destillat** tropft in das Sammelgefäß.

Die Trennung eines Gemisches durch Verdampfen und anschließendes Kondensieren nennt man Destillation.

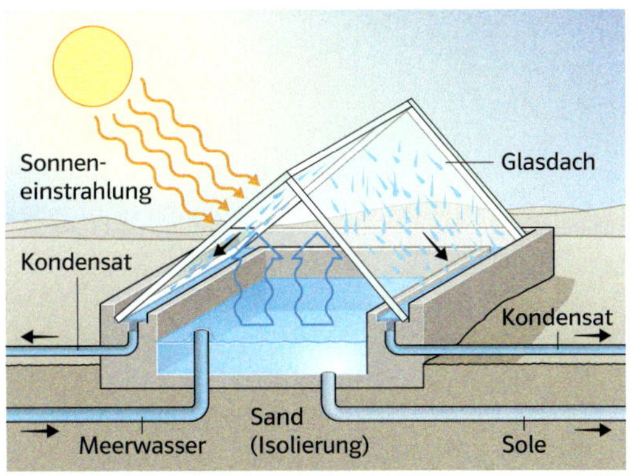

B2 Anlage zur Trinkwassergewinnung aus Meerwasser

Aufgaben

1 Trinkwasser kann aus Meerwasser durch Destillation gewonnen werden. Beschreibe.

2 Dampfbügeleisen werden meistens mit destilliertem Wasser befüllt. Recherchiere und begründe.

B1 Meerwasser

3.10 Die Eigenschaften des Wassers

Den größten Teil des Wassers auf der Erde bildet das salzhaltige Meerwasser. Meerwasser kann den Durst nicht löschen und nicht zum Waschen eingesetzt werden.

Verschiedene Arten von Wasser

Besser dafür geeignet ist oft **Quellwasser**. Es enthält gelöste Mineralstoffe, die unser Körper benötigt. Aus dem Wasserhahn fließt klares, sauberes **Trinkwasser**. Wir nutzen es zum Kochen, Waschen und Trinken.
Das im Labor verwendete Wasser enthält dagegen keine gelösten Stoffe. Es ist ein Reinstoff. In der Natur kommt solch reines Wasser nicht vor, es muss hergestellt werden, z. B. durch Destillation. Reines Wasser ist als Trinkwasser ungeeignet.

Eigenschaften von Wasser

Reines Wasser ist geruchlos, geschmacklos und farblos. Es siedet bei 100 °C und erstarrt bei 0 °C zu Eis. Wasser ist ein gutes **Lösungsmittel** für viele Stoffe. Eine Lösung hat andere Eigenschaften als das reine Wasser. Salzwasser etwa gefriert bei einer niedrigeren Temperatur. Dies nutzt man im Winter, um vereiste Straßen mit Streusalz aufzutauen. Badewasser enthält gelöste Stoffe, die es elektrisch leitfähig machen. Reines Wasser ist dagegen ein Nichtleiter.
Zum Nachweis von Wasser wird Watesmo-Papier verwendet. Mit Wasser verfärbt es sich von Weiß nach Blau [B2].

In Trinkwasser, Meerwasser und Quellwasser sind gelöste Stoffe enthalten. Destilliertes Wasser ist ein Reinstoff. Es erstarrt bei 0 °C und siedet bei 100 °C.

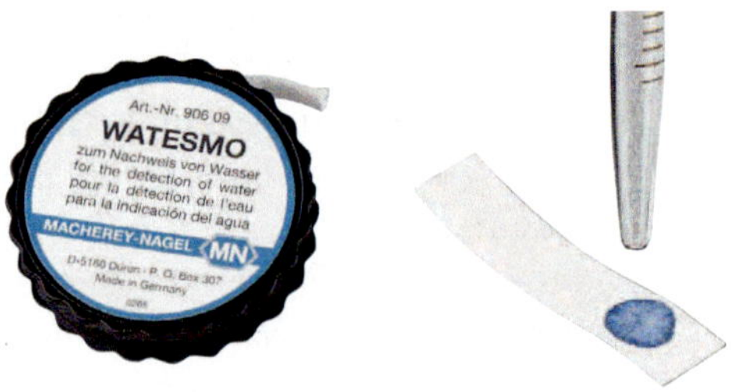

B2 Watesmo-Papier zum Nachweis von Wasser

Aufgaben

○ **1** Ordne die aufgezählten Wasserarten in Reinstoffe und Gemische. Begründe deine Entscheidung.

◒ **2** Beschreibe Unterschiede zwischen reinem Wasser und Meerwasser.

3.11 Wir ermitteln Eigenschaften des Wassers

Reines Wasser enthält keine gelösten Stoffe. Im Labor nennt man reines Wasser auch destilliertes Wasser. Wasser ist ein gutes Lösungsmittel z. B. für Salz. Salzwasser hat andere Eigenschaften als reines Wasser. Wasser ist auch ein Lösungsmittel für Gase.

V1 Wasser und Salzwasser werden fest

Material: Schutzbrille, Becherglas (100 ml, hohe Form), 2 Reagenzgläser, Thermometer, Spatellöffel, Waage, Kochsalz, destilliertes Wasser, Eis

Durchführung:

a) Wiege ca. 50 g Eis und 10 g Kochsalz ab und vermische diese im Becherglas durch Schütteln. Dieses Gemisch nennt man Kältemischung.
b) Fülle ein Reagenzglas zwei Fingerbreit mit destilliertem Wasser. Stelle dieses Reagenzglas in das Becherglas mit der Kältemischung.
c) Stelle in das Reagenzglas ein Thermometer und verfolge die Temperatur, bis das Wasser im Reagenzglas fest ist.
d) Wiederhole den Versuch, indem du ein zweites Reagenzglas zwei Fingerbreit mit destilliertem Wasser füllst. Gib zu dem destillierten Wasser eine Spatelspitze Kochsalz. Schüttle, damit sich das Salz löst. Stelle auch dieses Reagenzglas in die Kältemischung aus Eis und Salz. Verfolge die Temperatur, bis das Salzwasser im Reagenzglas fest wird.

Aufgabe:

1. Vergleiche die Temperaturen, bei denen destilliertes Wasser und Salzwasser fest werden.

V2 Wasser löst auch Gase

Material: Schutzbrille, Kunststoff-Wanne, Messzylinder (100 ml), Brausetablette, Wasser

Durchführung:

a) Fülle die Kunststoff-Wanne mit etwas Wasser. Fülle dann auch den Messzylinder möglichst vollständig mit Wasser. Verschließe den Messzylinder mit der Hand, drehe ihn um und stelle ihn mit der Öffnung nach unten in die mit Wasser gefüllte Kunststoff-Wanne.
b) Lege eine halbe Brausetablette so schnell wie möglich unter die Öffnung des Messzylinders. Wenn die Gasentwicklung beendet ist, lies ab, wie viel Gas entstanden ist. Lege dann die zweite Hälfte unter den Messzylinder. Lies wieder ab.

Aufgabe:

1. Vergleiche die Gasentwicklung in kaltem und in warmem Wasser. Fertige ein Versuchsprotokoll an.

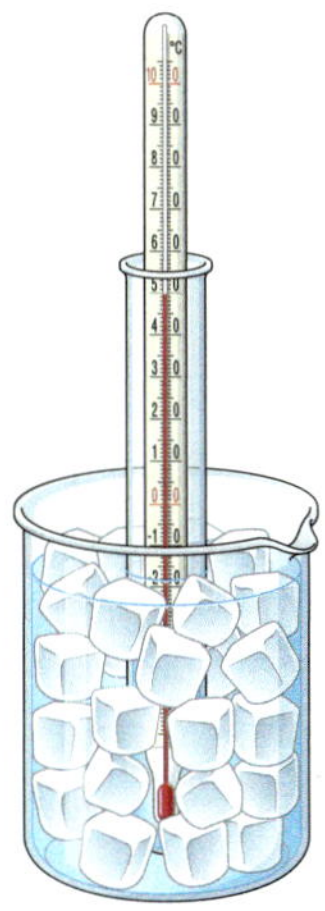

B1 Wasser in der Kältemischung

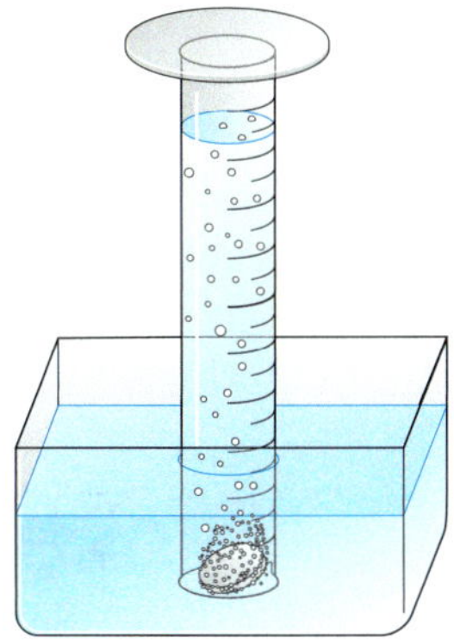

B2 Gas wird aufgefangen.

Aufgabe

1 Das Gas, das in V2 beim Auflösen der Brausetablette entsteht, heißt Kohlenstoffdioxid. Es löst sich in Wasser. Auch das Gas Sauerstoff löst sich in Wasser. Formuliere zwei Aussagen zu den Angaben in der Tabelle.

Stoff	0 °C	20 °C
Sauerstoff	49 ml in 1 l Wasser	31 ml in 1 l Wasser
Kohlenstoffdioxid	1713 ml in 1 l Wasser	878 ml in 1 l Wasser

3.12 Farbgemische lassen sich trennen

V1 Chromatografie mit Filzstiften

Material: Petrischale, 2 Rundfilter, Wasser, schwarze, wasserlösliche Filzstifte von verschiedenen Herstellern

Durchführung:
a) Bohre mit einem Bleistift ein Loch in die Mitte des Rundfilters.
b) Male mit mehreren schwarzen Filzstiften ca. 3 mm große Punkte um das Loch in der Mitte des Rundfilters. Achte darauf, dass die Punkte nicht zu dick geraten.
c) Falte den zweiten Rundfilter zu einem ca. 3 cm breiten Streifen. Rolle diesen zu einem „Docht“ zusammen und schiebe ihn durch das Loch im ersten Rundfilter.
d) Fülle eine Petrischale zur Hälfte mit Wasser und lege den Rundfilter so darauf, dass der Docht in das Wasser taucht.
e) Lass den Versuchsaufbau erschütterungsfrei stehen und beobachte genau.

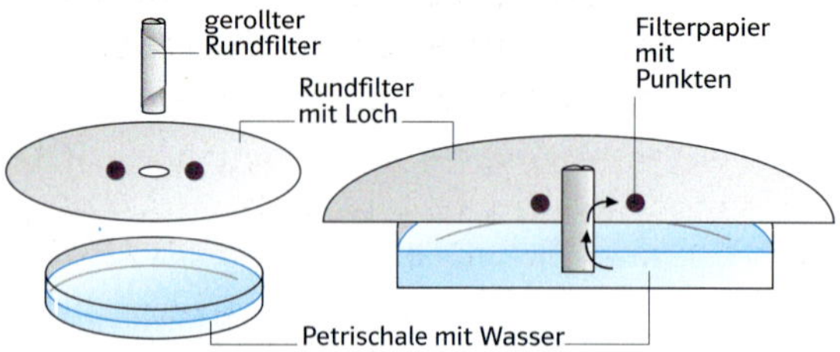

B1 Chromatografie mit Filzstiften

Aufgaben:
1. Beschreibe deine Ergebnisse und vergleiche sie mit den Ergebnissen deine Mitschülerinnen und Mitschüler.
2. Wiederhole den Versuch mit andersfarbigen, wasserlöslichen Filzstiften. Beschreibe und deute deine Ergebnisse.

V2 Chromatografie mit Lebensmittelfarbe

Material: Becherglas (100 ml) mit destilliertem Wasser, 2 Reagenzgläser, Petrischale, Reagenzglasgestell, Stopfen, Pipette, Rundfilter, 1 Packung bunter Mini-Schokolinsen bzw. Schoko-Erdnüsse

Durchführung:
a) Gib vier gleichfarbige Schokolinsen in ein Reagenzglas. Tropfe mit der Pipette so viel Wasser aus dem Becherglas hinzu, dass die Schokolinsen bedeckt sind. Verschließe das Reagenzglas mit dem Stopfen und schüttle es, bis sich eine farbige Lösung gebildet hat. Fülle die farbige Lösung in das zweite Reagenzglas.
b) Lege den Rundfilter auf die Petrischale. Tropfe mit der Pipette zwei Tropfen der farbigen Lösung in die Mitte des Rundfilters. Warte, bis das Filterpapier die Flüssigkeit vollständig aufgesaugt hat.
c) Wiederhole den Vorgang so lange, bis die Flüssigkeit den Rand des Rundfilters erreicht hat. Lass das Papier anschließend trocknen.

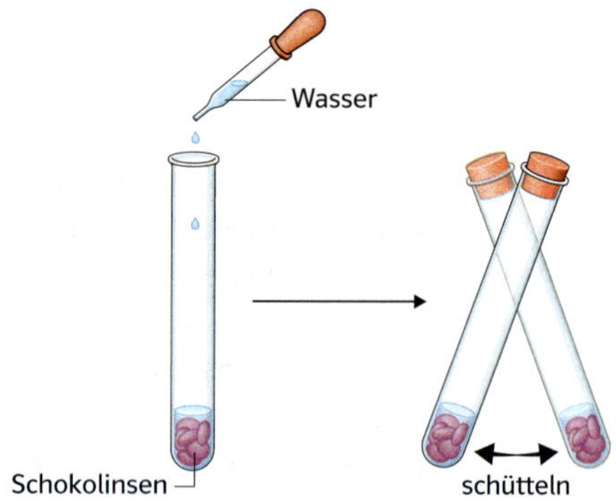

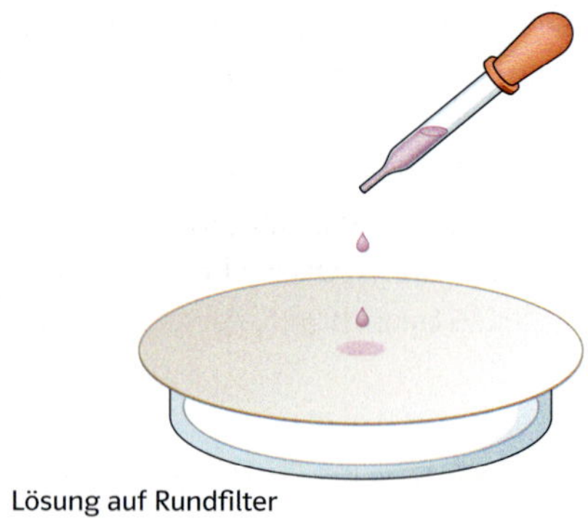

B2 Lösen der Lebensmittelfarbe (oben), Auftropfen der farbigen Lösung (unten)

Aufgabe:
1. Beschreibe und erkläre das Ergebnis deines Versuches.

B1 Chromatografie im Modell

B2 Papier-Chromatografie in der Petrischale

3.13 Chromatografie

Lässt man Wasser auf einem Filterpapier über schwarze, wasserlösliche Filzstiftfarbe laufen, so „zerläuft" die schwarze Farbe. Es werden nach und nach unterschiedliche Farben sichtbar [B2].

Farbstoffe werden getrennt

Die schwarze Filzstiftfarbe ist ein Gemisch aus unterschiedlichen Farbstoffen, die so voneinander getrennt werden. Dieses Trennverfahren bezeichnet man als **Chromatografie**.

Die Chromatografie (griech.: chroma, Farbe und graphein, schreiben) nutzt die Eigenschaft von Stoffen aus, an Oberflächen unterschiedlich stark zu haften.

Wie funktioniert die Chromatografie?

Es ist wie bei einem Wettrennen [B1]: Am Start stehen alle zusammen. Nach dem Startschuss geht es los. Aber die Teilnehmer sind unterschiedlich schnell. So ist der Strandsegler mit Rädern schneller als der mit Kufen. Nach einiger Zeit ist die Gruppe auseinandergezogen. Bei der Papier-Chromatografie wird ein Gemisch zunächst in einem Lösungsmittel, dem Fließmittel, gelöst. Die gelösten Stoffe wandern dann mit dem Lösungsmittel über das Papier. Stoffe, die gut am Papier haften, wandern weniger weit. Stoffe, die nicht so gut am Papier haften, werden weiter transportiert. Das Haften an einer Oberfläche wird auch als **Adsorbieren** (lat.: adsorbere, ansaugen) bezeichnet. Durch diese unterschiedliche Haftung der Stoffe trennt sich das Farbgemisch in unterschiedliche Farbstoffe [B2].

Bei der Papier-Chromatografie werden Gemische aufgrund der unterschiedlichen Haftfähigkeit der Bestandteile getrennt.

Aufgaben

○ 1 Beschreibe die Aufgaben des Fließmittels bei einer Papier-Chromatografie.

◒ 2 Farben können Reinstoffe oder Gemische sein. Mithilfe der Chromatografie lässt sich dies herausfinden. Erläutere.

● 3 Erkläre die Modelldarstellung der Chromatografie in [B1]. Ordne den Bestandteilen der Abbildung die Begriffe „Farbstoff", „Filterpapier" und „Fließmittel" richtig zu.

3.14 Weitere Trennverfahren

M 1 Recycling – Neue Gegenstände aus Kunststoff-Müll

Aus Kunststoff-Müll können neue Gegenstände hergestellt werden. Man kann zum Beispiel alte Flaschen schmelzen und sie in eine neue Form bringen. Dafür muss der Müll vorher sehr genau getrennt werden. Denn Müll ist nicht gleich Müll. Verpackungen, die im gelben Sack oder der gelben Tonne landen, bestehen meist aus Kunststoffen oder Metallen. Diese müssen später von Maschinen oder mit der Hand sortiert werden, bevor aus ihnen neue Gegenstände wie Flaschen, Kugelschreiber oder Stifte hergestellt werden können.

B1 Haushaltsmüll

M 2 Überleben in der Wildnis

B2 Wassergewinnung in der Wildnis

Aufgaben

◒ **1** Lies M1.

a) Beschreibe, welche Gegenstände du in [B1] siehst.

b) Stelle eine Vermutung an, welche Teile des abgebildeten Mülls zu Kugelschreibern verarbeitet werden können. Begründe deine Auswahl.

c) Stelle das „Leben“ einer Kunststoff-Flasche in einem passenden Diagramm dar. Nimm dazu die Informationen aus dem Text zu Hilfe.

● **2** Lies M2.

a) Erkläre, wie Nils und Chris mithilfe des Lochs und der Folie trinkbares Wasser erhalten können.

b) Plant einen Versuch, mit dem ihr die Idee auf dem Bild überprüfen könnt.

3.15 kompakt

Reinstoffe

Reinstoffe bestehen nur aus einem einzigen Stoff. Reinstoffe sind durch messbare Eigenschaften wie Siedetemperatur, Schmelztemperatur und Dichte gekennzeichnet.

Gemische

Gemische bestehen aus unterschiedlichen Reinstoffen. Bei heterogenen Gemischen sind die unterschiedlichen Bestandteile erkennbar; bei homogenen Gemischen sind die unterschiedlichen Bestandteile selbst unter dem Mikroskop nicht mehr erkennbar.

Bezeichnung der Gemische

Je nach Aggregatzustand der beteiligten Stoffe gibt es für einige Gemische wichtige Fachbegriffe: Ein fester wasserunlöslicher Stoff wie Lehm bildet mit Wasser eine Suspension. Gibt man einen wasserlöslichen Stoff wie Kochsalz in Wasser, erhält man eine Lösung. Weitere Fachbegriffe zeigt Tabelle [B1].

Beispiel des Gemischs	Aggregatzustände vor der Mischung	Bezeichnung
Granit, Steinsalz	fest – fest	Feststoffgemisch
Lehmwasser	fest – flüssig	Suspension
Kochsalz-Lösung	flüssig – flüssig	Lösung
Fetttropfen in Milch	flüssig – flüssig	Emulsion
Weinbrand	flüssig – flüssig	Lösung
Flüssigkeitströpfchen in der Luft	flüssig – gasförmig	Nebel
Sprudel	flüssig – gasförmig	Lösung
Ruß- und Staubkörnchen in der Luft	fest – gasförmig	Rauch

B1 Einteilung und Benennung von Gemischen

Trennung von Gemischen

Zur Trennung von Gemischen gibt es unterschiedliche Trennverfahren. Die Auswahl eines geeigneten Trennverfahrens hängt von den Eigenschaften der Bestandteile des Gemisches ab. Gängige Trennverfahren sind Sedimentieren, Dekantieren, Filtrieren, Eindampfen, Chromatografieren und Destillieren.

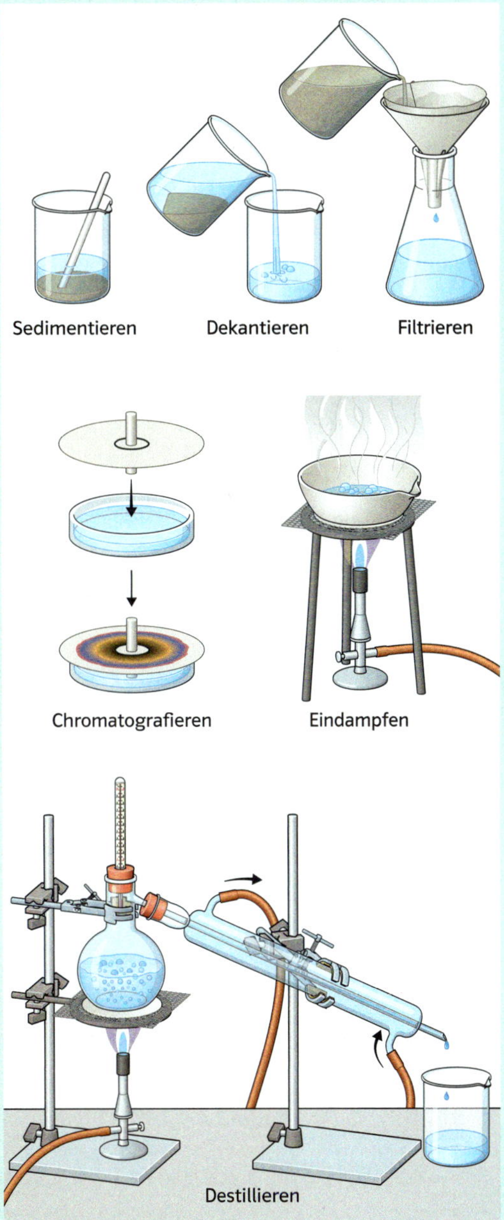

B2 Wichtige Trennverfahren

Aufgaben

○ 1 Beschreibe den Unterschied zwischen einem Reinstoff und einem Gemisch.

◒ 2 Die Abbildung [B1] zeigt ein Teilchenmodell der Luft. Erkläre, ob es sich bei Luft demnach um einen Reinstoff oder ein Gemisch handelt.

○ 3 Erläutere in eigenen Worten die Bedeutung der Begriffe „heterogenes Gemisch" und „homogenes Gemisch".

○ 4 Reinstoff oder Gemisch? Erstelle eine Tabelle und ordne folgende Stoffe richtig zu: Eisen, Inhalt einer Tütensuppe, Leitungswasser, Luft, Traubenzucker, Waschpulver.

○ 5 Handelt es sich bei den folgenden Gemischen um ein homogenes oder ein heterogenes Gemisch? Milch, Rotwein, Tinte, Rauch, Lehmwasser, Schaumstoff, Mineralwasser, Parfum. Begründe deine Entscheidung.

○ 6 Zähle Verwendungsmöglichkeiten von Filtern in deinem Alltag auf.

◒ 7 Während eines Regenschauers ist das Wasser in einer Pfütze zunächst trüb. Nach dem Regenschauer wird es klar. Erkläre diese Beobachtung unter Verwendung der Fachbegriffe.

◒ 8 Häufig liest man auf Fruchtsaftverpackungen „Vor Gebrauch schütteln!" Begründe diesen Hinweis.

◒ 9 „Mehr Wasser aus Meerwasser": Beschreibe das Verfahren, mit dem aus Meerwasser Trinkwasser gewonnen wird. Benutze dabei Fachbegriffe.

◒ 10 Ein Gemisch aus Kochsalz, Eisenpulver, Seesand und Sägemehl soll getrennt werden. Plane die einzelnen Schritte der Trennung. Beachte die richtige Reihenfolge.

◒ 11 Im Begriff Chromatografie steckt das griechische Wort „chroma" für Farbe. Erläutere diesen Zusammenhang.

◒ 12 Haushaltszucker wird aus Zuckerrüben gewonnen. Kocht man Rübenstückchen in Wasser, löst sich der Zucker. Beschreibe ein Trennverfahren, mit dem man den Zucker aus dem Zuckerwasser gewinnen kann.

● 13 Erkläre die Funktionsweise eines Liebigkühlers und begründe, warum er so wirksam kühlt [B2].

● 14 Gib die eingesetzten Trennverfahren und die zur Trennung genutzten Stoffeigenschaften an:
a) Orangenöl wird aus Orangenschalen gewonnen.
b) Küchendünste reinigt man in der Dunstabzugshaube mit Aktivkohlefiltern.
c) Kaffee wird in einer Kaffeemaschine zubereitet.

● 15 Erörtere die Notwendigkeit der Mülltrennung.
NE

B1 Ein Teilchenmodell der Luft

B2 Liebigkühler

4 Verbrennung und chemische Reaktion

Feuer kann für Menschen nützlich, aber auch gefährlich sein.
Brennstoffe verändern sich dabei im Feuer.

B1 Lagerfeuer

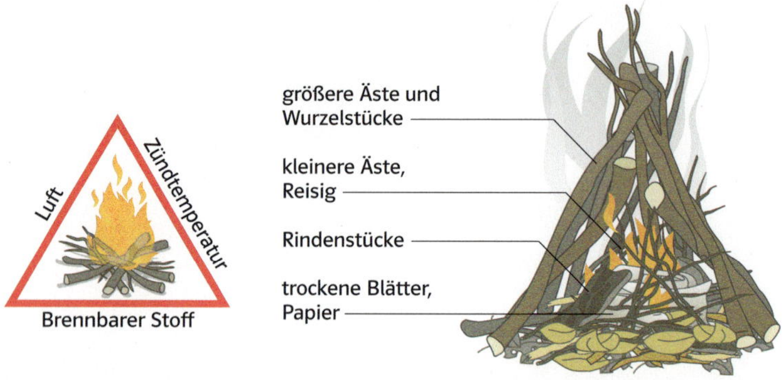

B2 Bedingungen für ein Feuer – das Verbrennungsdreieck (links), Aufbau eines Lagerfeuers (rechts)

4.1 Ein Feuer entsteht

Was gibt es Gemütlicheres als ein wärmendes Lagerfeuer?

Wir machen ein Lagerfeuer

Für ein Lagerfeuer musst du zuerst den richtigen Ort auswählen. Eine Tankstelle oder eine trockene Wiese wären nicht geeignet, weil hier leicht brennbare Stoffe vorliegen. In einen Kreis aus Steinen als Eingrenzung legst du etwas geknülltes Papier. Darüber schichtest du locker feine trockene Äste. Nun kommen etwas dickere Äste darüber. Du merkst: ein Lagerfeuer wird schichtweise aufgebaut. Achte darauf, dass du eine Öffnung behältst, durch die du am Ende das Papier anzünden kannst.

... aber pass auf!

Bei einem Lagerfeuer musst du sehr aufmerksam sein. Brennt es nicht richtig, musst du Luft zuführen. Meistens pustet man in die Glut, bis sich wieder Flammen bilden. Brennt das Lagerfeuer gut, denke daran, immer wieder neues Brennholz nachzulegen. Achte dabei auf die glühenden Funken, die vom Lagerfeuer hochfliegen. Ein Lagerfeuer muss immer unter Beobachtung sein!

Bedingungen für ein Feuer

Am Beispiel eines Lagerfeuers können die drei Bedingungen für ein Feuer gut erkannt werden [B2].

Als Erstes braucht man einen brennbaren Stoff. Hier sind das Papier und Holz. Bei einer Kerze ist der brennbare Stoff das Wachs, bei einer Heizung Erdgas, Heizöl oder auch Holz. Als Zweites muss die **Zündtemperatur** [V2] des Stoffes erreicht werden [B4]. Bei Papier geht das durch ein Streichholz oder Feuerzeug. Das brennende Papier erzeugt genügend Wärme, um kleine Äste zu entzünden. Damit erreicht man die Zündtemperatur größerer Äste.

Als Drittes muss ausreichend Luft vorhanden sein. Deshalb wird ein Lagerfeuer locker und mit Lücken aufgebaut [B2]. Kommt das Feuer trotzdem nicht richtig in Gang, kann man z. B. durch Pusten oder mit einem Blasebalg Luft zuführen.

Die Bedingungen für ein Feuer sind erfüllt, wenn ein brennbarer Stoff vorliegt, die Zündtemperatur des brennbaren Stoffes erreicht wird und genügend Luft vorhanden ist.

Zerteilungsgrad und Verbrennung

Kleine Äste brennen schneller als große Äste. Zerkleinerte kleine Äste entzünden sich noch schneller. Holzstaub hat eine riesige Oberfläche und kann sogar explosionsartig verbrennen [V4]. Selbst Mehl kann so zur Explosion gebracht werden. Das hat in Getreidemühlen schon zu tragischen Unfällen geführt. Wir erkennen: Je stärker der brennbare Stoff zerteilt ist, desto schneller und heftiger verbrennt er [B3].

Eine Stoffportion verbrennt umso heftiger, je stärker sie zerteilt ist.

B4 Was zündet zuerst?

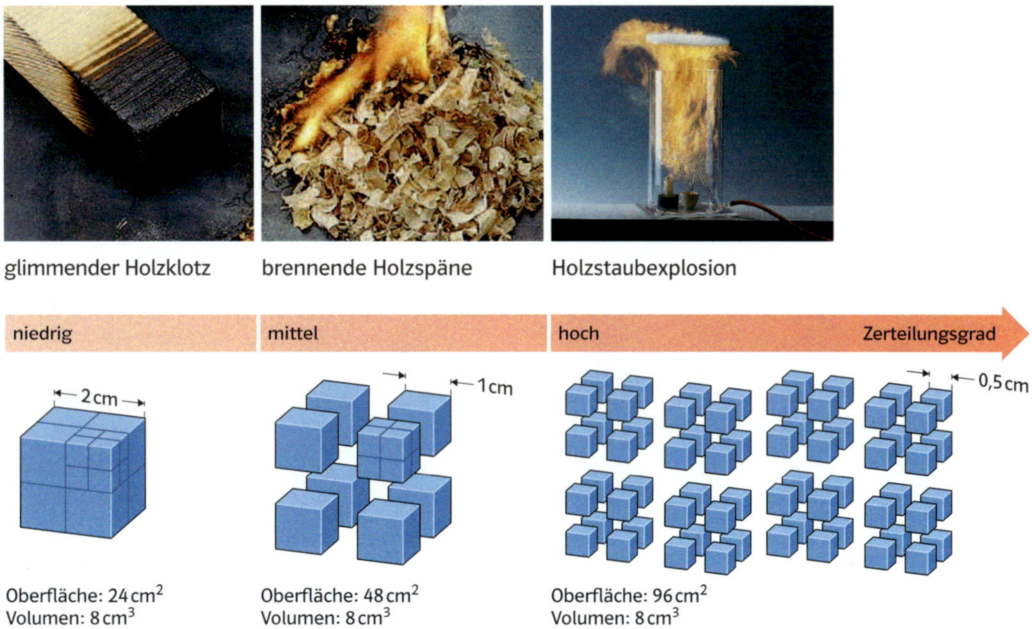

B3 Mit zunehmendem Zerteilungsgrad läuft die Verbrennung heftiger ab

Aufgaben

○ **1** Nenne alle Dinge, die du brauchst, um ein Feuer zu machen.

○ **2** Beschreibe, wie ein Lagerfeuer aufgeschichtet sein muss.

◒ **3** Zähle alle brennbaren Stoffe auf, die du kennst. Ordne den genannten Stoffen jeweils den passenden Aggregatzustand zu.

◒ **4** Erläutere, wodurch bei einem Gasbrenner die Bedingungen für eine Verbrennung erfüllt werden.

● **5** Diskutiert in der Gruppe, ob man den Zerteilungsgrad auch zu den Bedingungen für eine Verbrennung zählen sollte.

V1 Man erhitzt mit dem Brenner von unten eine Ceranplatte, auf der ein Stück Pappe, ein Holzklotz, ein Stück Kohle und Streichhölzer liegen.

V2 In einem Heizblock wird Heizöl so lange erwärmt, bis die Dämpfe entzündet werden können. Die Temperatur misst man mit einem Thermometer.

V3 In ein Zündrohr aus Plexiglas werden 4 – 6 Tropfen Wundbenzin gegeben. Das Rohr wird mit einem Kunststoffdeckel verschlossen und gut geschüttelt. Das Benzin-Luft-Gemisch wird mit dem eingebauten Zünder gezündet.

V4 Man führt in einem Modellsilo aus Plexiglas eine Staubexplosion durch.

4.2 Versuche mit einer Kerze

V1 Fernentzündung

Material: Schutzbrille, Kerze, Streichhölzer

Durchführung:
Entzünde eine Kerze. Lass die Kerze ca. 30 Sekunden brennen. Entzünde ein neues Streichholz. Puste nun die Kerzenflamme aus. Führe das brennende Streichholz langsam von oben herab in Richtung Docht.
Wiederhole den Versuch mehrmals. Wann zündet der Docht?

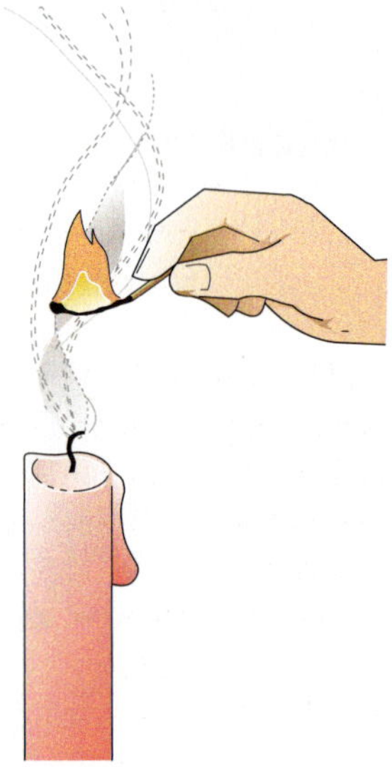

B1 Wann zündet die Kerze?

Aufgabe:
1. Erläutere die Überschrift des Versuchs „Fernentzündung".

V2 Kerze unter Verschluss

Material: Schutzbrille, Kerze, Glasrohr (beidseitig offen, etwa 30 mm), Holzplatte, Glasplatte, 2 Unterlegklötzchen, Streichhölzer

Durchführung:
a) Stelle eine brennende Kerze auf eine Holzplatte. Stülpe das Glasrohr über die Kerze und decke die obere Öffnung mit der Glasplatte ab [B2].
b) Wiederhole den Versuch. Stelle nun aber das Glasrohr auf die zwei Holzklötzchen. Lass das Glasrohr oben offen.

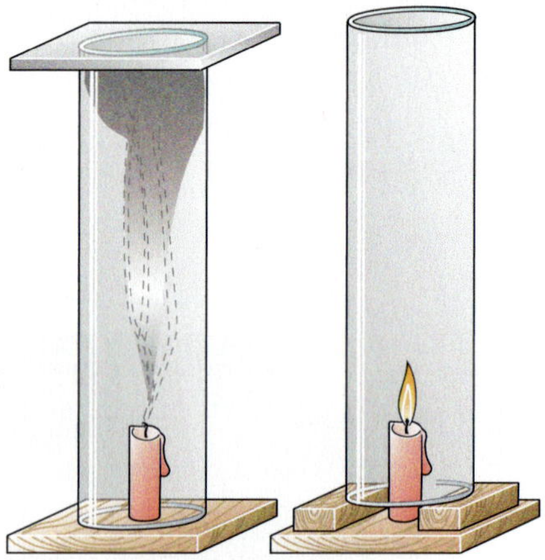

B2 Kerze unter Verschluss

V3 Feuerfestes Papier

Material: Schutzbrille, 1 Blatt Papier, Teelicht, Kerze, 2 Tiegelzangen, Wasser

Durchführung:
Falte aus dem Blatt Papier ein Papier-Schiffchen. Entzünde das Teelicht. Befülle das Schiffchen nun halb mit Wasser und halte es mit den zwei Tiegelzangen über die Flamme.
Falte aus dem Blatt Papier ein Papier-Schiffchen. Entzünde das Teelicht. Befülle das Schiffchen nun halb mit Wasser und halte es mit den zwei Tiegelzangen über die Flamme.

Aufgaben:
1. Gib an, welche Beobachtungen man machen kann.
2. Begründe, warum das Papier nicht verbrennt.

Aufgaben

○ **1** Gib die Bedingungen an, die bei der Verbrennung einer Kerze erfüllt werden.

◒ **2** Was brennt bei einer Kerze? Formuliere auf Grundlage deiner Beobachtungen eine Schlussfolgerung.

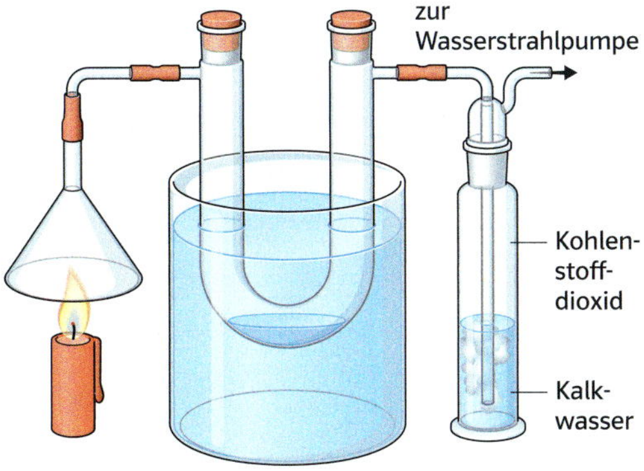

B1 Nachweis der Verbrennungsprodukte einer Kerze

B2 Flammen sind brennende Gase.

4.3 Eine Kerze verbrennt

Hältst du ein Streichholz an einen Kerzendocht, dauert es kurze Zeit, bis die Kerze aufflammt.

Flammen sind brennende Gase

Erst muss das feste Wachs schmelzen, es steigt im Docht nach oben. An der Dochtspitze verdampft das flüssige Wachs zu gasförmigem Wachs. Dieses entzündet sich an der Flamme des Streichholzes [B2].

Verbrennungsprodukte einer Kerze

Eine brennende Kerze wird immer kleiner. Es scheint, als ob die Kerze im Nichts verschwinden würde. Der Versuch in [B1] zeigt, was aus einer brennenden Kerze wird: Die unsichtbaren Verbrennungsgase der Kerzenflamme werden vom Trichter aufgefangen und in ein U-Rohr geleitet. Das U-Rohr steht mit seinem unteren Teil in kaltem Wasser. Dort kondensiert ein Teil der Verbrennungsgase als klare Flüssigkeit. Ein Nachweis mit Watesmo-Papier zeigt: Es handelt sich hierbei um Wasser. Am anderen Ende des U-Rohrs wird das restliche Gas in eine Flasche mit Kalkwasser geleitet. Das Kalkwasser trübt sich. Dies ist ein Nachweis für Kohlenstoffdioxid. Wasser und Kohlenstoffdioxid sind also Verbrennungsprodukte einer Kerze.

Bei der Verbrennung einer Kerze entstehen die beiden Verbrennungsprodukte Wasser und Kohlenstoffdioxid.

Aufgaben

○ **1** Gib die Verbrennungsprodukte einer Kerze an und nenne die Mittel, mit denen man sie nachweist.

◒ **2** Erläutere die Aufgabe der Wasserstrahlpumpe in [B1].

● **3** Skizziere die beobachtbaren Aggregatzustände des Wachses bei einer brennenden Kerze. Nutze dazu das Teilchenmodell.

V1 Eine brennende Kerze wird unter den Trichter der Apparatur in [B1] gestellt. Eine Wasserstrahlpumpe saugt die Verbrennungsgase durch ein gekühltes U-Rohr und anschließend durch eine Waschflasche mit Kalkwasser. Das Kondensat aus dem U-Rohr wird mit Watesmo-Papier geprüft.

B1 Eine Fackel erzeugt Licht und Wärme.

B2 Erloschenes Lagerfeuer

4.4 Verbrennung, eine chemische Reaktion

Brennbare Stoffe sehen nach ihrer Verbrennung anders aus.

Verbrennungen verändern Stoffe

Bei der Verbrennung einer Kerze entstehen aus dem Wachs die Verbrennungsprodukte Wasser und Kohlenstoffdioxid. Auch beim Abbrennen eines Lagerfeuers entstehen aus dem Holz diese gasförmigen Verbrennungsprodukte. Die Asche besteht dagegen aus denjenigen Bestandteilen des Holzes, die nicht verbrennen [B2]. Die Beispiele Kerze und Lagerfeuer zeigen: Bei einer Verbrennung entstehen neue Stoffe mit neuen Eigenschaften: Es findet eine **Stoffumwandlung** statt. Man sagt auch, dass aus Ausgangsstoffen (**Edukten**) neue Stoffe (**Produkte**) entstehen.

Ausgangsstoffe (Edukte) $\xrightarrow{\textit{reagieren zu}}$ Neue Stoffe (Produkte)

Verbrennungen setzen Energie frei

Ein Lagerfeuer wärmt uns und spendet Licht. Auch eine Fackel erzeugt Licht und Wärme. Bei dir zu Hause wird Wärme z.B. durch das Verbrennen von Erdgas oder Heizöl erzeugt. Diese Wärme nutzt man, um Wasser aufzuheizen. Das heiße Wasser kann dann beispielsweise einen Heizkörper erwärmen oder es wird von dir zum Duschen benutzt. Bei Verbrennungen entstehen also nicht nur neue Stoffe, sondern wir nutzen Verbrennungen auch zur Abgabe von Energie. Diese Energie wird in Form von Wärme und Licht abgegeben [B1].

Chemie-Box

Bei Verbrennungen finden Stoffumwandlungen statt. Aus den Ausgangsstoffen entstehen neue Stoffe mit anderen Eigenschaften. Dabei wird Energie abgegeben.

Aufgaben

○ **1** Zähle alle im Text genannten Verbrennungsprodukte auf.

● **2** Diskutiert in der Gruppe, ob Asche noch brennen kann.

◒ **3** NE Durch das Verbrennen von brennbaren Stoffen wie Erdgas oder Holz wird Energie abgegeben. Nenne Beispiele für die Nutzung dieser Energie.

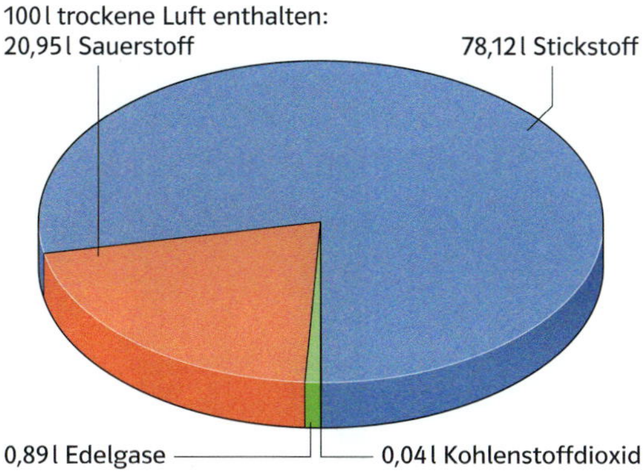

B1 Zusammensetzung von 100 Litern Luft

B2 Unsere Atmosphäre – die gasförmige Hülle der Erde

4.5 Die Zusammensetzung der Luft

Wenn ein Lagerfeuer nicht gut brennt, hilft es, Luft hineinzublasen. Bei der Brandbekämpfung dagegen muss man die Luftzufuhr unterbrechen. Aber was ist Luft?

Luft ist ein Gasgemisch

Luft umgibt uns überall [B2]. Untersuchungen haben ergeben, dass die Luft ein Gemisch aus verschiedenen Gasen ist [B1]. Die beiden Hauptbestandteile sind Stickstoff und Sauerstoff. Daneben enthält die Luft ganz geringe Mengen an Kohlenstoffdioxid und Edelgasen. Alle diese Gase sind farblos, geruchlos und geschmacklos.

Die Bedeutung des Sauerstoffs

Für Verbrennungen ist nur der Sauerstoff von Bedeutung. Er ist der Stoff, den ein Feuer zum Brennen benötigt. Wenn man brennbare Stoffe in reinem Sauerstoff anzündet, entflammen sie viel schneller als an der Luft. Dieses Wissen nutzt man zum Nachweis von Sauerstoff [B3]: Hält man einen glimmenden Holzspan in einen Standzylinder mit Sauerstoff, entflammt dieser sofort. Man bezeichnet diesen Nachweis als **Glimmspanprobe**.

Luft ist ein Gasgemisch, dessen Hauptbestandteile Stickstoff und Sauerstoff sind. Sauerstoff wird mit der Glimmspanprobe nachgewiesen.

B3 Glimmender Holzspan (links), Glimmspanprobe (rechts)

Aufgaben

○ **1** Schreibe die Gase in [B1] nach der Größe ihrer Anteile in der Luft geordnet auf.

◒ **2** Beschreibe die Versuchsdurchführung zum Nachweis von Sauerstoff.

● **3** Sammle Informationen über die in der Luft vorkommenden Edelgase. Nenne die Verwendungsmöglichkeiten von mindestens drei Edelgasen.

B1 Löschen mit Wasser

B2 Brennstoffentzug durch Schneisen

4.6 Brandbekämpfung

Es ist nützlich und wichtig, wenn man weiß, wie man ein Feuer macht. Ebenso wichtig ist es aber zu wissen, wie man ein Feuer wieder löscht.
Das Prinzip ist ganz einfach: Entziehe dem Feuer eine der drei Bedingungen, die für ein Feuer notwendig sind. Dann erlischt das Feuer.

Entzug des brennbaren Stoffes

Die erste Bedingung für ein Feuer ist das Vorliegen eines brennbaren Stoffes. Bei einem Brand sollten also alle brennbaren Stoffe, die in der Nähe sind, entfernt werden. In großen Wäldern werden aus diesem Grunde **Schneisen** angelegt [B2].
Die Schneisen verhindern bei einem Waldbrand, dass das Feuer auf das nächste Waldstück übergreift. Denn an der Schneise fehlt dem Feuer der brennbare Stoff, um weiterzubrennen.

Abkühlen unter die Zündtemperatur

Die zweite Bedingung für ein Feuer ist, dass die Zündtemperatur des brennbaren Stoffes erreicht sein muss.
Durch das Löschmittel Wasser wird die Temperatur herabgesenkt [B1]. Sobald die Temperatur unter die Zündtemperatur des brennbaren Stoffes fällt, erlischt das Feuer.

Unterbrechen der Luftzufuhr

Die dritte Bedingung für ein Feuer ist die Anwesenheit von Luft. Nimmt man dem Feuer die Luft, so muss es ausgehen. Dies geschieht beispielsweise durch Feuerlöscher, die Kohlenstoffdioxid, Schaum oder Pulver enthalten. Durch diese Stoffe wird das Feuer erstickt.

Aber auch das Löschmittel Wasser kann die **Luftzufuhr** unterbrechen. Wenn das Wasser auf das heiße Feuer trifft, verdampft es. Dadurch verdrängt es die Luft und das Feuer geht aus.

Vorsicht bei Benzin und Fett!

Nicht jeder Brand ist so einfach zu löschen, wie es manchmal erscheint.
Beispielsweise kann man einen Benzinbrand nicht mit Wasser löschen. Das brennende Benzin würde auf dem Wasser schwimmen und weiterbrennen. Daher wird ein solcher Brand mit Kohlenstoffdioxid oder Schaum bekämpft.
Auch einen Fettbrand im Kochtopf darf man auf keinen Fall mit Wasser löschen. Durch die hohe Temperatur verdampft das Wasser explosionsartig. Stattdessen muss man einen großen Topfdeckel oder eine Löschdecke über das brennende Fett legen. Dadurch wird der Brand dann erstickt.

Brand-klasse	Symbol	Brandstoff	Löschart
A	Brennende Holzstücke	Feststoffe	• Wasserlöscher • ABC-Pulver-löscher • Schaumlöscher
B	Brennender Benzin-kanister	Flüssigkeiten oder flüssig werdende Stoffe	• ABC- und BC-Pulverlöscher • Kohlenstoff-dioxid-Löscher • Schaumlöscher
C	Flamme am Brenner eines Gasherdes	Gase	• ABC- und BC-Pulverlöscher • Kohlenstoff-dioxid-Löscher
D	Brennendes Zahnrad	Metalle	• Pulverlöscher für Metallbrände • Löschsand
F	Brennendes Speisefett	Speisefette, Speiseöle	• Topfdeckel • Fettbrandlöscher mit Spezial-löschmittel

B3 Brandklassen und Löschmittel

Brandbekämpfung erfolgt mit dem Wissen über die drei Bedingungen für ein Feuer:
- **Entfernen des brennbaren Stoffes,**
- **Abkühlen unter die Zündtemperatur,**
- **Unterbrechen der Luftzufuhr.**

B4 Löschen eines Motorbrandes mit Lösch-Schaum

Brandklassen

Nicht jedes Löschmittel ist für jeden Brand geeignet. Deshalb hat man die brennbaren Stoffe in Brandklassen eingeteilt [B3].

In der Brandklasse A sind feste Stoffe zusammengefasst.
Die Brandklasse B enthält flüssige oder flüssig werdende Stoffe.
Die Brandklasse C betrifft Brände von Gasen.
Zur Brandklasse D gehören die Brände von Metallen.
Brandklasse F betrifft die Fettbrände.

Aufgaben

○ **1** Gib die drei Bedingungen für die Entstehung eines Feuers an.

○ **2** Nenne das im Text genannte Löschmittel, mit dem man auf zwei unterschiedlichen Wegen einen Brand bekämpfen kann.

○ **3** Ordne den Brandklassen A, B und C passende Brandstoffe zu.

◒ **4** Zähle die Löschmittel auf, die sich in deinem Chemieraum befinden. Ordne jedem Löschmittel eine der drei Möglichkeiten zu, einen Brand zu löschen.

◒ **5** Recherchiere: Weshalb darf man einen Fettbrand auf keinen Fall mit Wasser löschen?
MK

● **6** Begründe, weshalb die in [B1] gezeigte Schneise durch den Wald so breit ist.

● **7** Begründe deine Maßnahmen, wenn die Kleider eines Menschen in Brand geraten sind.

4.7 Die Feuerwehr im Einsatz

Um ein Feuer zu löschen, muss man ihm eine der drei Bedingungen für eine Verbrennung entziehen. Die Einsatzfahrzeuge der Feuerwehr sind deshalb zur Brandbekämpfung mit verschiedenen Löschmitteln und technischen Geräten ausgerüstet.

A Der **Dachkasten** enthält Geräte wie Feuerpatschen, Schaufeln oder Einreißhaken, mit denen einem Feuer der Brennstoff entzogen werden kann.

B Die **mehrteilige Schiebeleiter** dient dazu, Brände in größerer Höhe zu bekämpfen.

C **Pumpenbedienstand** zur Steuerung der Pumpen

D Der **Pumpeneingang** ermöglicht das Einleiten von Wasser z. B. aus einem Hydranten.

E Löschschläuche werden an **Schlauchanschlüssen** mit der Löschwasserpumpe verbunden. Bei Bedarf wird dem Löschwasser Schaummittel zugesetzt.

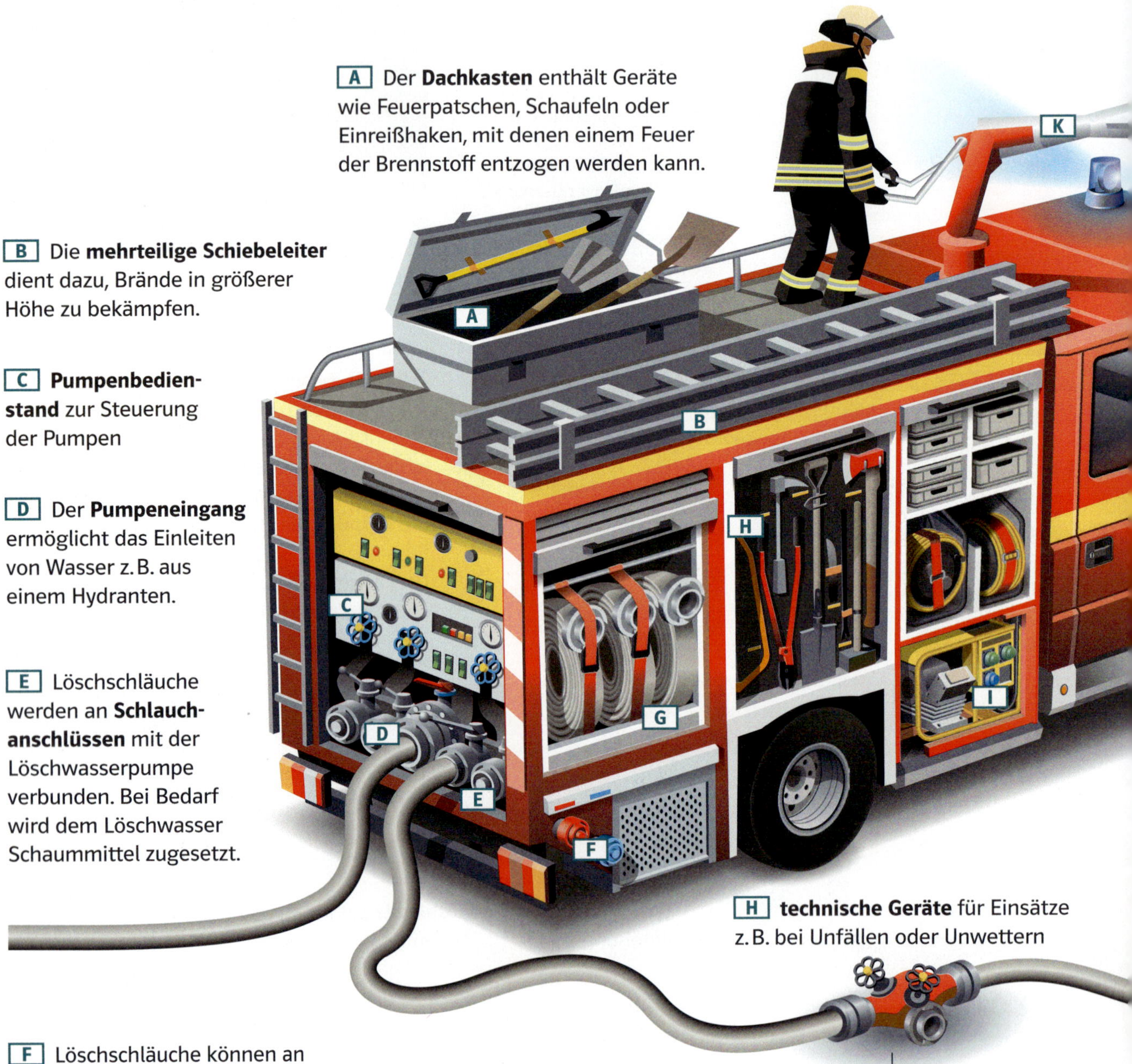

H **technische Geräte** für Einsätze z. B. bei Unfällen oder Unwettern

F Löschschläuche können an den **Löschwassertank** des Fahrzeugs angeschlossen werden. Dieser liefert einen Wasservorrat zum sofortigen Löschen.

G **Löschschläuche** in verschiedenen Größen

Verteiler teilen das Löschwasser auf mehrere Schläuche auf.

K Der **Dachmonitor** ist eine Wasserspritze mit verstellbarer Düse, die sowohl einen Wasserstrahl als auch einen Sprühnebel erzeugen kann.

Löschen mit Wasser
Das Löschmittel Wasser kühlt die Temperatur unter die Entzündungstemperatur des Brennstoffs. Zusätzlich kann das Wasser auch die Luftzufuhr unterbrechen.

Handfeuerlöscher dienen dazu, kleinere Brände zu löschen.

Löschen mit Schaum
Das Löschmittel Schaum unterbricht die Luftzufuhr. Ohne Luft erstickt das Feuer schnell.

I Der spritzwassergeschützte **Stromerzeuger** liefert Strom für elektrische Hilfsmittel wie Scheinwerfer, Motorsägen oder Belüftungsgeräte.

In einem Einsatzfahrzeug der Feuerwehr gibt es viele technische Geräte und Löschmittel. Je nach Art des Brandes werden unterschiedliche Löschmittel eingesetzt.

Aufgaben

○ **1** Stelle einer Partnerin oder einem Partner zwei Fragen zum Text, die er oder sie beantworten soll. Beantworte danach seine bzw. ihre zwei Fragen.

◒ **2** Begründe, weshalb Feuerwehrleute ein chemisches Grundwissen besitzen müssen.

4.8 Brennbare und nicht brennbare Stoffe

M 1 Fossile und regenerative Brennstoffe

Zu den fossilen Brennstoffen zählen vor allem Kohle, Erdöl und Erdgas. Fossile Brennstoffe sind vor mehreren Millionen Jahren entstanden. Man findet sie unter der Erdoberfläche. Um sie zu verwenden, muss man sie aus der Erde holen und dann weiterverarbeiten. In den fossilen Brennstoffen ist sehr viel Energie gespeichert. Diese Energie kann man beim Verbrennen nutzen, um beispielsweise Strom zu erzeugen. Dabei entsteht aber klimaschädliches Kohlenstoffdioxid. Außerdem sind die Vorräte an fossilen Brennstoffen begrenzt. Sie sind nicht erneuerbar und werden in den nächsten Jahrzehnten immer knapper. Zu den regenerativen Brennstoffen gehören etwa Holz, Bioethanol und Biogas. Holz von Bäumen kann man direkt verwenden oder zu Pellets pressen. Bioethanol und Biogas werden vor allem aus Pflanzen (z. B. Mais und Zuckerrohr) oder biologischen Abfällen erzeugt. Die Nutzung großer Flächen für den Anbau der Pflanzen ist aber problematisch, da diese Flächen für den Anbau von Nahrungsmitteln wegfallen. Da Pflanzen immer wieder neu wachsen, werden die regenerativen Brennstoffe auch als nachwachsende Rohstoffe bezeichnet. Sie stehen immer wieder neu zur Verfügung. Die so immer wieder nutzbare Energie wird als erneuerbare Energie bezeichnet.

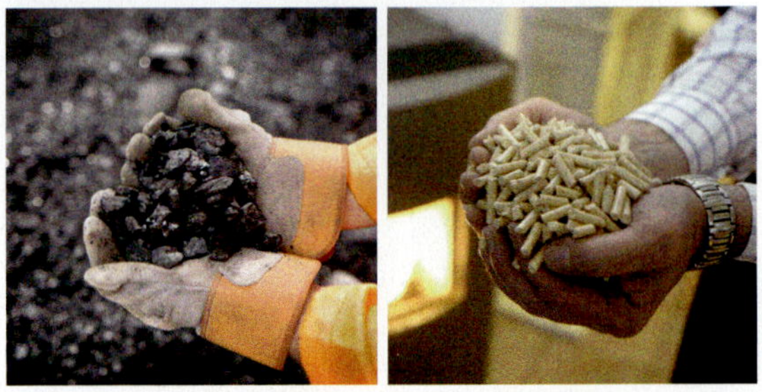

B1 Holzkohle – ein fossiler Brennstoff (links), Holzpellets – ein regenerativer Brennstoff (rechts)

M 2 Was tun im Brandfall?

In Deutschland gibt es jedes Jahr fast 200 000 Brände mit über 350 Todesopfern. Ein Teil davon sind Brände in Wohnhäusern. Daher sind Rauchmelder in allen Häusern in Deutschland Pflicht. Du solltest wissen, wie man einen Brand bei der Feuerwehr meldet. Die größte Brandgefahr geht im Haushalt von defekten Elektrogeräten aus. Aber auch funktionierende elektrische Geräte wie Herd, Ofen oder Bügeleisen können Brände verursachen. Bei einem Wohnungsbrand bleibt dir nur wenig Zeit, um dich zu retten. Daher solltest du auf dem Weg nach draußen andere Bewohner alarmieren, damit sie sich ebenfalls in Sicherheit bringen können. Dann musst du den Brand mit der Notrufnummer 112 der Feuerwehr melden. Du wirst von der Feuerwehr zum Brand befragt. In [B2] siehst du, welche Fragen dir gestellt werden.

Notruf 112

Wo brennt es?
Was brennt?
Gibt es Verletzte?
Welche Verletzungen?
Wer ruft an?
Warten auf Rückfragen!

B2 Wichtige Informationen für den Notruf

Aufgaben

1 Lies M1.

a) Nenne drei fossile und drei regenerative Brennstoffe.

b) Stelle die Vor- und Nachteile der regenerativen Brennstoffe im Vergleich zu den fossilen Brennstoffen in Form einer Tabelle dar.

2 Lies M2.

a) Übe mit einem Partner oder einer Partnerin die Meldung eines Brandes.

b) Erkläre, warum es in Deutschland Pflicht ist, Rauchmelder im Haus zu haben.

4.9 Wir bauen einen Modellfeuerlöscher

V1 Ein besonderes Löschmittel

Material: Schutzbrille, Teelicht, Streichhölzer, Becherglas, Messzylinder, Erlenmeyerkolben, 1 Päckchen Backpulver oder Natriumhydrogencarbonat, verdünnte Essigessenz (5 %ig)

Durchführung:

a) Zünde das Teelicht an und stelle es in das Becherglas.

b) Gib den Inhalt eines Päckchens Backpulver in den Erlenmeyerkolben. Gieße 20 ml verdünnte Essigessenz auf das Backpulver und lass das Gemisch einen Moment stehen. Im Erlenmeyerkolben bildet sich ein Gas.

c) Halte den Erlenmeyerkolben leicht gekippt über das Becherglas mit dem brennenden Teelicht [B1]. Achte darauf, dass du keine Flüssigkeit mit ausgießt!

B1 Ein unsichtbares Löschmittel

V2 Bau eines Modellfeuerlöschers

Material: Schutzbrille, Teelicht, Streichhölzer, Messzylinder, Petrischale, Spritzflasche, 1 Päckchen Backpulver oder Natriumhydrogencarbonat, verdünnte Essigessenz (5 %ig), Spülmittel

Durchführung:

a) Gib den Inhalt eines Päckchens Backpulver und ein bis zwei Spritzer Spülmittel in eine Spritzflasche.

b) Entzünde ein Teelicht und stelle es in eine Petrischale.

c) Gieße 20 ml verdünnte Essigessenz in die Spritzflasche, verschließe die Spritzflasche dann möglichst schnell und versuche, mit dem austretenden Schaum das brennende Teelicht zu löschen [B2].

Aufgabe:

1. Nenne drei Unterschiede zwischen dem selbst gebauten Modellfeuerlöscher und einem richtigen Feuerlöscher.

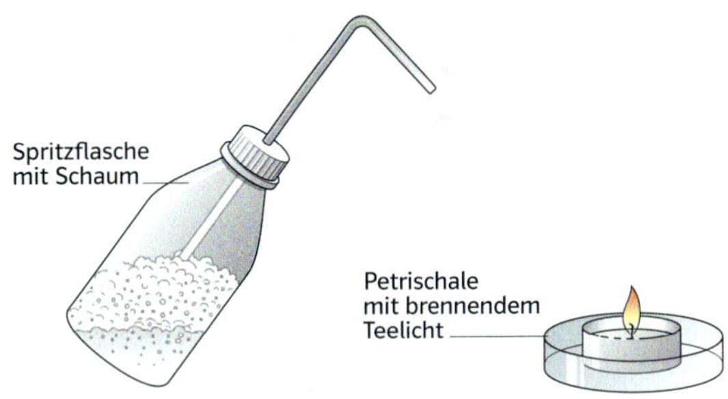

B2 Löschen mit dem Modellfeuerlöscher

Aufgaben

○ **1** Vergleiche das Löschmittel aus Versuch 1 mit dem Löschmittel aus Versuch 2.

◒ **2** Erkläre mithilfe des Verbrennungsdreiecks, wie die in den Versuchen entstehenden Löschmittel einen Brand löschen.

● **3** Einige Brände müssen mit besonderen Feuerlöschern gelöscht werden. Stelle schriftlich zusammen, bei welcher Art von Bränden dies der Fall ist.

4.10 kompakt

Brände
Brände sind Feuer, die außer Kontrolle geraten und Schaden anrichten.

Bedingungen für ein Feuer
Es müssen drei Bedingungen erfüllt sein, damit ein Feuer entsteht:
1. Ein brennbarer Stoff muss vorliegen.
2. Die Zündtemperatur des brennbaren Stoffes muss erreicht sein.
3. Genügend Luft muss vorhanden sein.

Zerteilungsgrad
Je höher der Zerteilungsgrad eines brennbaren Stoffes ist, desto schneller und heftiger verbrennt er.

Zündtemperatur
Bei Erreichen der Zündtemperatur erfolgt eine Reaktion mit Sauerstoff unter Bildung einer Flamme.

Flamme
Eine Flamme wird durch brennbare Gase gebildet.

Verbrennungsprodukte
Bei einer Verbrennung entstehen Verbrennungsprodukte. Beispiele sind Kohlenstoffdioxid und Wasser.

Stoffumwandlung
Bei einer Stoffumwandlung entstehen neue Stoffe mit anderen Eigenschaften. Aus den Ausgangsstoffen (Edukten) werden neue Stoffe (Produkte) gebildet. Jede Verbrennung ist eine Stoffumwandlung, also eine chemische Reaktion. Bei einer Verbrennung wird Energie abgegeben.

Luft
Luft ist ein Gemisch aus Gasen. Die Hauptbestandteile sind Stickstoff und Sauerstoff. Daneben enthält die Luft Kohlenstoffdioxid und Edelgase.

Sauerstoff
Sauerstoff ist ein farbloses, geruchloses und geschmackloses Gas. Ein Feuer benötigt es zum Brennen. Sauerstoff wird mit der Glimmspanprobe nachgewiesen.

Brandbekämpfung
Es gibt drei Möglichkeiten:
1. Entfernen des brennbaren Stoffes.
2. Abkühlen unter die Zündtemperatur des brennbaren Stoffes.
3. Unterbrechung der Luftzufuhr.

Brandklassen
Brennbare Stoffe werden in die fünf Brandklassen A, B, C, D und F eingeteilt. Die Brandklassen helfen dabei, für jeden Brand das richtige Löschmittel zu wählen.

Aufgaben

○ **1** Nenne die Bedingungen, die für die Entstehung eines Feuers vorhanden sein müssen.

○ **2** Beschreibe den Nachweis für Sauerstoff.

○ **3** Zähle auf, was du der Feuerwehr melden musst, wenn du einen Brand entdeckst.

◒ **4** Ein Streichholz entflammt im Reagenzglas ohne direkten Kontakt mit einer offenen Flamme. Erkläre.

◒ **5** Brennendes Fett darf nicht mit Wasser gelöscht werden. Erläutere, wie du ein solches Feuer dennoch löschen kannst.

● **6** Was geschieht beim Verbrennen einer Kerze? Erkläre mithilfe der Fachbegriffe Aggregatzustand, Stoffumwandlung, Edukt, Produkt, Energie.

Anhang

- Basiskonzepte
- Darstellungen und Laborgeräte
- Stichwortverzeichnis

Stoffe und Teilchen

Täglich nehmen wir beim Essen, Arbeiten oder Spielen Gegenstände in die Hand. Die Chemie beschäftigt sich damit, aus welchen Stoffen diese Gegenstände bestehen und welche Eigenschaften sie haben. Viele Eigenschaften von Stoffen kann man nur erklären, wenn man weiß, wie Stoffe aufgebaut sind. Der Aufbau von Stoffen kann selbst mit den besten Mikroskopen nicht sichtbar gemacht werden.
Die Naturwissenschaftler haben daher ein Modell entwickelt, mit dem man den Aufbau der Stoffe und einige Eigenschaften erklären kann. Nach diesem Teilchenmodell besteht jeder Stoff aus sehr kleinen Teilchen.

Stoff und Gegenstand

Wenn man einen Gegenstand beschreiben will, gibt man das Material an, aus dem er besteht, und beschreibt seine Form. Beispiele dafür sind die Begriffe Glaskugel oder Gummiball. Das Material, aus dem ein Gegenstand besteht, wird in der Chemie als Stoff bezeichnet. Alle Gegenstände bestehen also aus Stoffen.

B1 Gleicher Stoff – gleicher Gegenstand

Stoffeigenschaften

Jeder Stoff besitzt Eigenschaften, die für ihn typisch sind. Manche Eigenschaften lassen sich mit den Sinnen wahrnehmen, z. B. die Farbe, der Glanz, der Geruch oder der Geschmack. Andere Eigenschaften kann man mit Hilfsmitteln bestimmen. Dazu gehören die Härte und die Verformbarkeit. Einige Stoffeigenschaften lassen sich auch messen, wie z. B. die Schmelztemperatur, die Siedetemperatur und die Löslichkeit.

B2 Jeder Stoff hat ganz bestimmte, für ihn charakteristische Stoffeigenschaften.

Stoff- und Teilchenebene

Bei der Beschreibung der mit den Sinnen erfassbaren und mit Geräten messbaren Stoffeigenschaften und Energieänderungen ist man auf der Stoffebene. Hier geht es um Beobachtungen, um Phänomene der realen Welt.
Die Erklärung für die Beobachtungen liefert die unsichtbare Welt der Teilchen, die Teilchenebene.

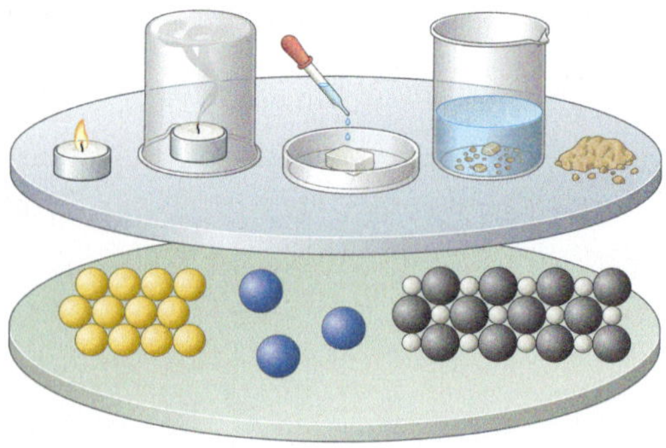

B3 Die Betrachtungsebenen der Wissenschaft Chemie

Teilchenmodell

Modelle helfen uns in vielen Bereichen. Mit einem Globus und einer Lichtquelle können wir uns den Wechsel von Tag und Nacht verdeutlichen. Der Globus ist ein Modell der Erde. Modelle entsprechen nicht vollständig der Wirklichkeit. Modelle stellen die Wirklichkeit vergrößert, verkleinert oder vereinfacht dar. Modelle in der Chemie dienen dazu, Beobachtungen zu verstehen. Ein einfaches Modell der Chemie ist das Teilchenmodell. Dieses Modell sagt aus, dass alle Stoffe aus sehr kleinen Teilchen bestehen. Die Teilchen eines Reinstoffes sind untereinander gleich. Sie unterscheiden sich in ihrer Größe und ihrer Form von den Teilchen eines anderen Reinstoffes. Diese Teilchen kann man sich kugelförmig vorstellen, sie können aber auch eine andere Form haben.

B4 Der Globus – ein Modell der Erde

Trennverfahren

Im Alltag begegnen wir meist Gemischen. Aus Gemischen lassen sich die Reinstoffe gewinnen. Dazu nutzt man geeignete Trennverfahren und nutzt Kenntnisse über die Stoffeigenschaften. In einer Müslimischung lassen sich die Rosinen leicht aufgrund ihrer Farbe erkennen und herauspicken. Schmutzwasser kann man durch Filtrieren reinigen. Die größeren Schmutzteilchen können nicht durch die Poren des Filters hindurch, während die kleineren Wasser-Teilchen durch die Poren abfließen können.

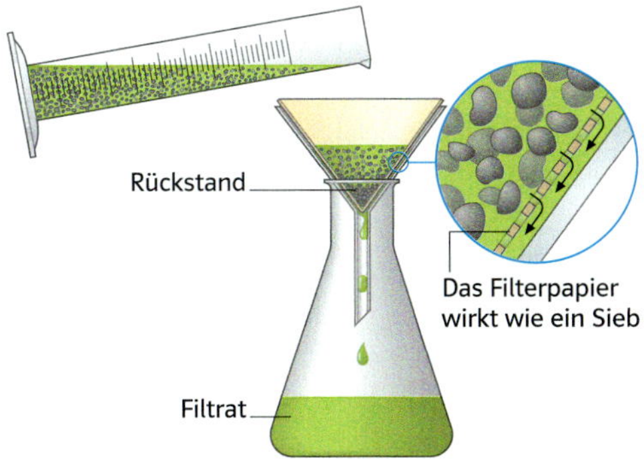

B5 Die Wirkungsweise eines Filters

Stoffkreisläufe

Wasser verdunstet im Sonnenschein, steigt auf, bildet Wolken und regnet wieder ab. Danach beginnen diese Vorgänge von neuem. Dies stellt einen Stoffkreislauf dar. In unserer Umgebung, in Natur und Technik gibt es viele Stoffkreisläufe. Wir beteiligen uns beispielsweise an einem Kreislauf, wenn wir Glas nicht in den Abfalleimer, sondern in einen Glascontainer werfen.

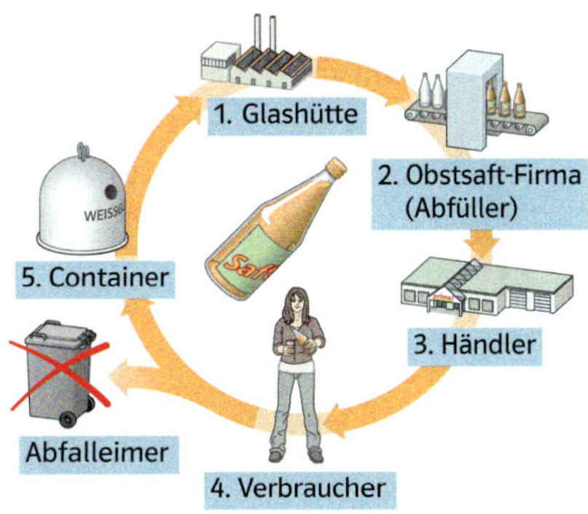

B6 Der Stoffkreislauf von Glas

Aufgaben

○ **1** Nenne möglichst viele umgangsprachliche Bedeutungen des Begriffs „Stoff“.

○ **2** Erläutere den Unterschied zwischen Gegenstand und Stoff an drei Beispielen.

◒ **3** Wähle einen Stoff und erstelle einen Stoffsteckbrief. Überlege, für welche Einsatzbereiche der Stoff gut bzw. schlecht geeignet ist. Begründe deine Aussage.

◒ **4** Erläutere den Lösungs- und Kristallisationsvorgang mit dem Teilchenmodell.

Struktur und Eigenschaften

Stoffe erkennt man an ihren Eigenschaften. Die Eigenschaften eines Stoffes werden z. B. dadurch bestimmt, wie die Teilchen angeordnet sind, also welche „Struktur" die Stoffe haben.
Man muss sich daher Klarheit über den Aufbau eines Stoffes verschaffen, wenn man die wahrnehmbaren Eigenschaften eines Stoffes verstehen will. Dazu benötigt man Modelle. Mithilfe dieser Modelle kann man sich vorstellen, wie die Bausteine der Stoffe aussehen könnten. In Reinstoffen wie Kupfer, Sauerstoff, Wasser und Zucker sind die Teilchen untereinander gleich. In Gemischen wie Salzwasser, Mineralwasser oder Kuchen liegen die unterschiedlichen Teilchen der Reinstoffe nebeneinander vor. Die Stoffeigenschaften bestimmen auch ihre Verwendungsmöglichkeiten. In unserer hoch technisierten Welt werden ständig neue Stoffe mit speziellen Eigenschaften gebraucht. Wenn man weiß, wie Stoffe aufgebaut sind, können solche neuen Stoffe gezielt entwickelt werden. Um die große Zahl der Stoffe besser überschauen zu können, fasst man sie nach nach verschiedenen Gesichtspunkten in Stoffklassen zusammen. Auch hierbei spielen die Stoffeigenschaften eine wichtige Rolle.

Stoffklassen

Es gibt eine Vielzahl verschiedener Stoffe. Um eine bessere Übersicht zu erhalten, teilt man Stoffe nach unterschiedlichen Gesichtspunkten ein. So fasst man Stoffe, die einen metallischen Glanz besitzen, verformbar sind und die Wärme und den elektrischen Strom leiten, als Stoffklasse der Metalle zusammen. Außer gemeinsamen Eigenschaften können auch die Zusammensetzung oder der Aggregatzustand ein Gesichtspunkt für die Einteilung sein.

Teilchenmodell

Schon im alten Griechenland machten sich die Menschen Gedanken über den Aufbau der Stoffe. Sie stellten sich vor, dass man die Stoffe immer wieder und wieder zerteilen kann, bis man zu kleinsten Teilchen gelangt, die sich nicht weiter zerteilen lassen. Heute stellen wir uns diese Teilchen oft als Kugeln vor und sprechen vom Kugelteilchenmodell. Mithilfe des Kugelteilchenmodells werden viele Vorgänge in der Chemie besser vorstellbar und lassen sich anschaulich verdeutlichen.
Mit einer solchen Modellvorstellung kann man zum Beispiel Trennverfahren erklären. Das Teilchenmodell erklärt auch, wie den Teilchen eines Feststoffes das Ablösen während des Lösungsvorgangs ermöglicht wird und welche Vorgänge bei einer Diffusion ablaufen.

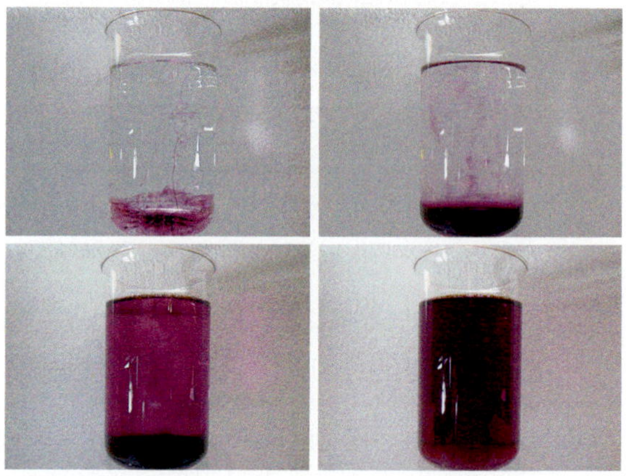

B2 Die Teilchen eines Farbstoffs verteilen sich durch Diffusion in einer Lösung.

B1 Mindmap zur Einteilung der Stoffe

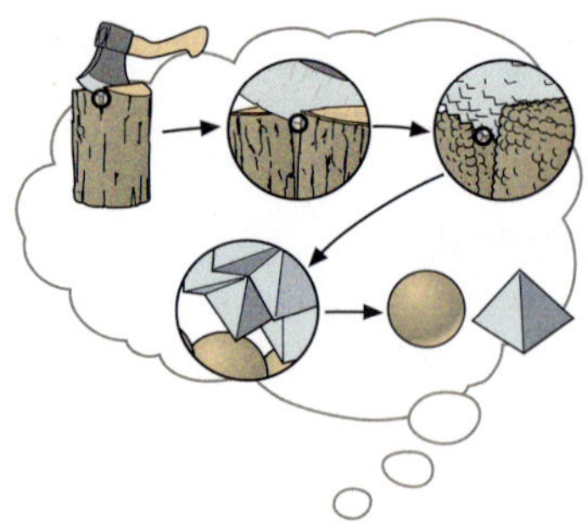

B3 Vorstellungen zum Teilchenmodell

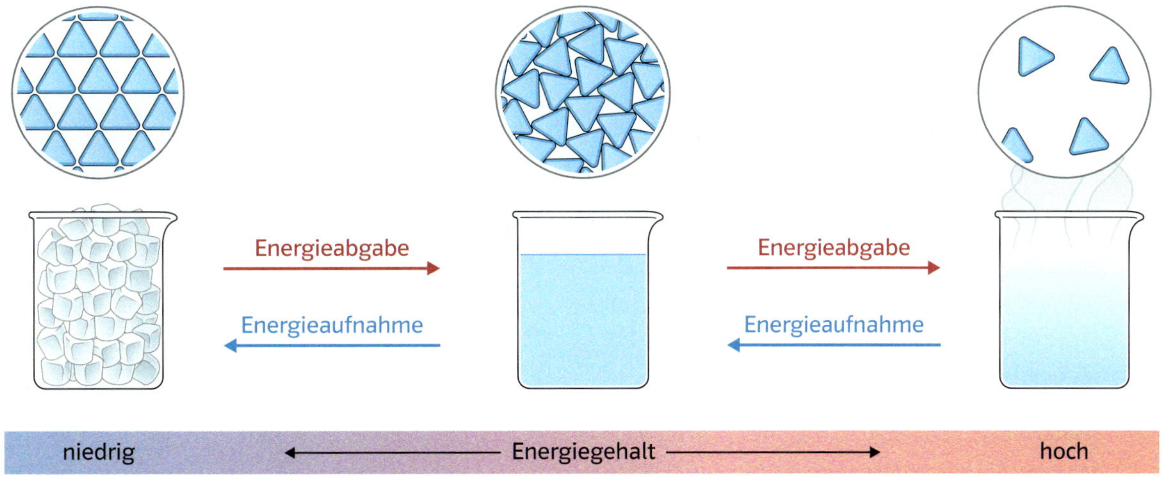

B4 Aggregatzustände im Teilchenmodell und Energiegehalt

Aggregatzustände im Modell

Stoffe liegen in fester, flüssiger oder gasförmiger Form vor. Durch Erhitzen bzw. Abkühlen kann man Stoffe von einem Aggregatzustand in einen anderen überführen. Die Aggregatzustände lassen sich mithilfe des Teilchenmodells erklären. In einem Feststoff sind die Teilchen regelmäßig angeordnet, ihr Abstand voneinander ist gering.
Die Änderung des Aggregatzustandes eines Stoffes ist mit der Aufnahme oder Abgabe von Energie verbunden: Führt man Energie zu, so bewegen sich die Teilchen schneller und die Anziehungskräfte wirken sich schwächer aus.
In Flüssigkeiten haben die Teilchen keine festen Plätze und bewegen sich gegeneinander, ihr Abstand voneinander ist größer. Bei Gasen ist der Abstand der Teilchen voneinander sehr groß und sie bewegen sich frei und regellos.

Reinstoffe und Gemische

Stoffe liegen als Reinstoffe oder Gemische vor. Gemische bestehen aus mindestens zwei Reinstoffen. Wenn man die unterschiedlichen Bestandteile eines Gemisches auf den ersten Blick erkennen kann, liegt ein heterogenes Gemisch vor. Gemische, die einheitlich erscheinen, nennt man homogene Gemische.
Die Teilchen eines Reinstoffes sind untereinander gleich, sie haben z. B. die gleiche Größe und Form. In einem Gemisch liegen mindestens zwei verschiedene Teilchenarten vor.

Eigenschaften und Verwendung

Die Stoffeigenschaften bestimmen die Verwendungsmöglichkeiten eines Stoffes. So wird beispielsweise Kupfer in Elektrokabeln verwendet, weil es den elektrischen Strom sehr gut leitet. Die Isolierung um das Kabel besteht dagegen aus nicht leitendem Kunststoff.

Aufgaben

○ **1** Zähle einige Wörter auf, in denen der Begriff Stoff vorkommt. Gib an, welche der Wörter Stoffklassen bezeichnen.

◒ **2** Suche Beispiele für Modelle in deinem Alltag. Beschreibe, worin sich Modell und Original unterscheiden.

◒ **3** Fertige eine Skizze von einer Kerze an. Beschrifte die Skizze an den richtigen Stellen mit den Begriffen für die drei Aggregatzustände.

Chemische Reaktion und Energie

Wenn man Holz, Kohle oder Erdgas verbrennt, wird Energie frei: Es entstehen Wärme und Licht, die wir nutzen können.
Der Begriff Energie begegnet uns sehr häufig. Wir sollen „keine Energie verschwenden" oder bedenken, dass „eine Tafel Schokolade eine geballte Ladung Energie enthält". Energie benötigen wir beispielsweise, um uns zu bewegen und zu lernen.
Aber bei einer Verbrennung wird nicht nur Energie frei, es entstehen auch neue Stoffe. Manche Stoffe können wir mit unseren Sinnen nicht wahrnehmen, wir müssen sie mit einem Experiment nachweisen.
Aus Wasser kann man durch Energiezufuhr Wasserdampf herstellen. Dabei verändern sich die Wasser-Teilchen aber nicht, es entsteht kein neuer Stoff. Wasser hat dabei nur seinen Aggregatzustand geändert.

Verbrennung und Stoffumwandlung

Für eine Verbrennung benötigt man einen brennbaren Stoff, z. B. Holz, Benzin oder Kerzenwachs. Ein brennbarer Stoff fängt aber nicht einfach so an zu brennen. Er muss erwärmt werden, bis seine Zündtemperatur erreicht ist. Ist dies der Fall, so entzündet er sich aber auch nur, wenn genügend Luft vorhanden ist. Vergleicht man das Holz eines Lagerfeuers, bevor es entzündet wird, mit der Asche eines ausgebrannten Lagerfeuers, fällt einem die Veränderung des Stoffes Holz deutlich auf. Die Asche hat offensichtlich ganz andere Eigenschaften als das Holz, aus dem sie durch die Verbrennung entstanden ist. Eine solche Stoffumwandlung, bei der neue Stoffe mit neuen Eigenschaften entstehen, bezeichnet man als chemische Reaktion. Stoffumwandlungen begegnen uns aber nicht nur bei Verbrennungen, sondern sind häufig im Alltag (z. B. das Rosten von Eisen) und in der Natur (z. B. das Blühen und Verwelken von Blüten) zu beobachten.

B1 Ein Lagerfeuer verbreitet Wärme.

Energie und Verbrennung

Gemeinsam an einem Lagerfeuer zu sitzen, ist eine Erfahrung, an die man sich lange erinnert. Das Feuer erhellt den umliegenden Platz und wärmt zugleich. Wir sehen und spüren, dass bei einer Verbrennung immer Energie in Form von Licht und Wärme frei wird.

Energieformen

Beim Zelten erwärmt man Mahlzeiten mit einem Gasbrenner. Beim Verbrennen des Gases wird chemische Energie in Wärme und Licht umgewandelt. Die Energie des Sonnenlichts hilft grünen Pflanzen, Nährstoffe aufzubauen. Dabei wird die Energie des Sonnenlichts in chemische Energie umgewandelt. Beim Radfahren wird mithilfe eines Dynamos Bewegungsenergie in elektrische Energie überführt. Energie begegnet uns also in verschiedenen Formen und kann von der einen in die andere Form überführt werden.

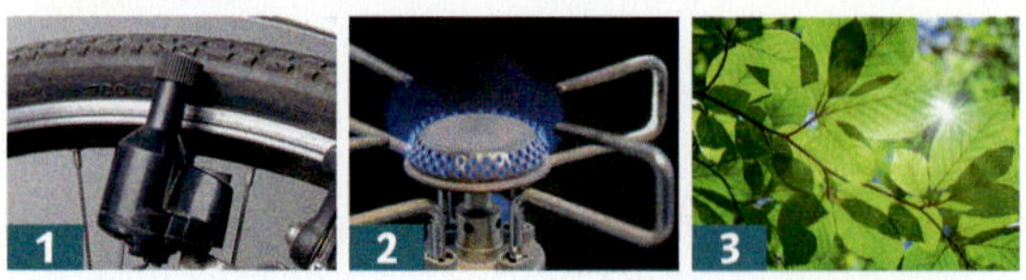

B2 Verschiedene Formen von Energie und Energieumwandlung

Nachweis von Stoffen

Die bei der Verbrennung von Kerzenwachs gebildeten Stoffe Kohlenstoffdioxid und Wasser kann man nachweisen. Beim Einleiten von Kohlenstoffdioxid in Kalkwasser trübt sich die Flüssigkeit. Wenn Wasser mit dem weißen Watesmo-Papier in Berührung kommt, so verfärbt sich das Papier blau. Das Gas Sauerstoff lässt sich mit der Glimmspanprobe nachweisen.

B3 Glimmspanprobe

Energie und Aggregatzustände

Stoffe liegen in fester, flüssiger oder gasförmiger Form vor. Durch Erwärmen oder Abkühlen kann man Stoffe von einem Aggregatzustand in einen anderen überführen.
Die Aggregatzustände und ihre Übergänge lassen sich mit dem Teilchenmodell beschreiben. In einem Feststoff sind die Teilchen regelmäßig angeordnet, ihr Abstand voneinander ist gering. Wenn man einen Feststoff erwärmt, führt man ihm Energie zu. Dadurch bewegen sich die Teilchen schneller und entfernen sich voneinander: Der Stoff schmilzt. Im gasförmigen Zustand ist die Bewegungsenergie der Teilchen eines Stoffes noch größer als im flüssigen Zustand.

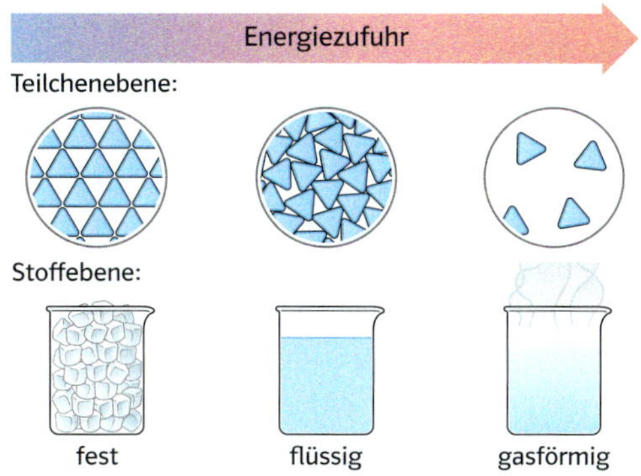

B4 Schmelzen und Verdampfen

Brandbekämpfung

Beim Löschen eines Brandes sorgt man dafür, dass mindestens eine der Bedingungen einer Verbrennung nicht mehr gegeben ist. Um ein Feuer zu löschen, muss man entweder die Luftzufuhr unterbrechen oder den brennenden Stoff unter seine Zündtemperatur abkühlen oder dem Feuer den Brennstoff entziehen. Besonders gut und schnell erfolgt die Brandbekämpfung, wenn alle drei Methoden gleichzeitig angewendet werden.

B5 Die drei Methoden der Brandbekämpfung

Aufgaben

○ **1** Beschreibe Nachweise für die Stoffe, die bei der Verbrennung von Kerzenwachs entstehen.

○ **2** Löse die folgenden Aufgaben.
- **a)** Nenne einige Möglichkeiten, wie du eine Kerzenflamme löschen kannst.
- **b)** Erläutere, wie sich durch die von dir genannten Methoden die Bedingungen für eine Verbrennung ändern.

Zeichnerische Darstellung von Versuchsaufbauten

Werden mehrere Laborgeräte zu einer Versuchsapparatur zusammengebaut, kann eine Skizze den Aufbau und die Funktion verdeutlichen.

Die Schnittdarstellung

Schneidet man einen Becher aus Pappe der Länge nach in der Mitte durch (A) und betrachtet die Innenseite einer Hälfte, erkennt man die Schnittkanten und Halbbögen der Becheröffnung und des Bodens (B). Bei frontaler Betrachtung (C) sieht man nur noch Schnittkanten und Becherrand (als gerade Linie). Diese Ansicht eignet sich gut für zeichnerische Zwecke: Das Bild ist einfach und enthält alles Wesentliche. Schnittlinien werden dick, die übrigen sichtbaren Kanten dünn gezeichnet (D). Oft lässt man auch noch die dünnen Linien weg (E). Man erhält eine **einfache Schnittdarstellung.**

A

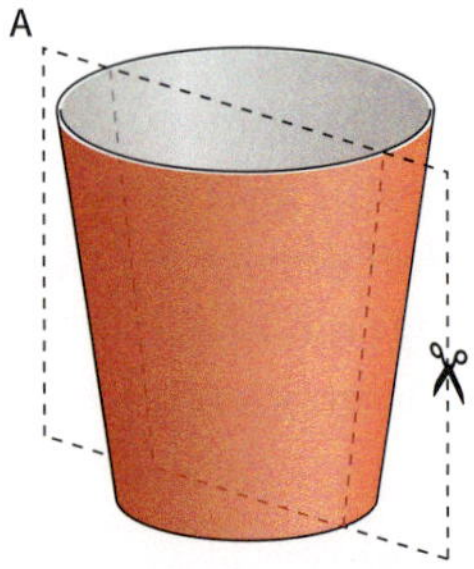

Becher (real), perspektivische Betrachtung
mit eingezeichneter Schnittebene

B

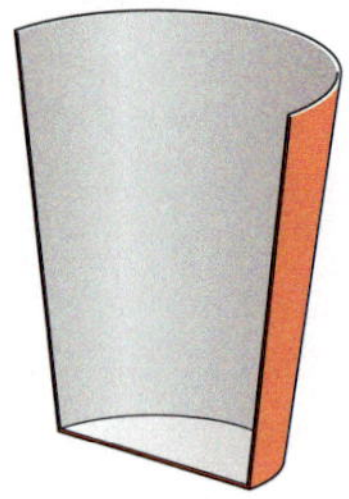

Becherhälfte (real) perspektivische Betrachtung
Innenansicht mit sichtbaren Kanten

C

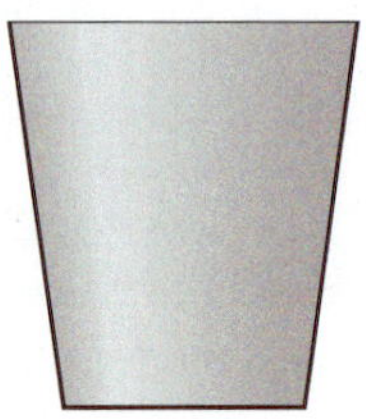

Becherhälfte (real) Frontalansicht
Nur noch Schnittkanten und oberer Becherrand sichtbar

D

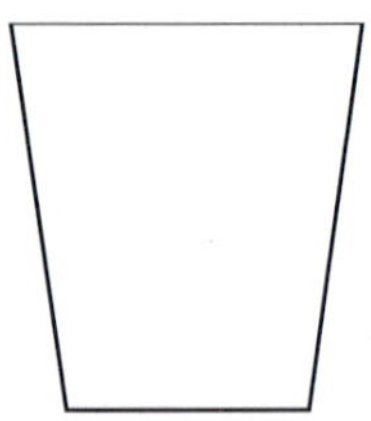

Schnittzeichnung eines Bechers
Schnittkanten werden als dicke Linien, nicht geschnittene Kanten als dünne Linien gezeichnet

E

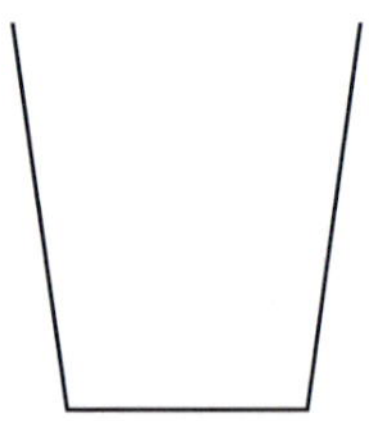

Schnittzeichnung (vereinfacht)
Nicht geschnittene Kanten entfallen, Gefäßöffnung dadurch besser sichtbar

B1 Vom realen Gegenstand zur Schnittzeichnung

Zeichnung von Apparaturen

Die Abbildung oben zeigt eine Destillationsapparatur als Foto, darunter als einfache Schnittdarstellung. In der Zeichnung ist die Apparatur nicht mit allen Einzelteilen wiedergegeben. Das Stativmaterial fehlt ganz, da es nur zur Befestigung dient; die Zeichnung gewinnt dadurch an Übersichtlichkeit. Dagegen müssen die entscheidenden Geräte deutlich gezeichnet und benannt sowie ihre Verbindungen untereinander dargestellt sein. Bei manchen Geräten ist jedoch eine exakte Schnittdarstellung unnötig (z.B. Brenner) oder unzweckmäßig (z.B. Keramik-Drahtnetz, Thermometer, Dreifuß). Man stellt diese Geräte ebenfalls frontal betrachtet, aber in einer vereinfachten oder symbolhaften Form dar.

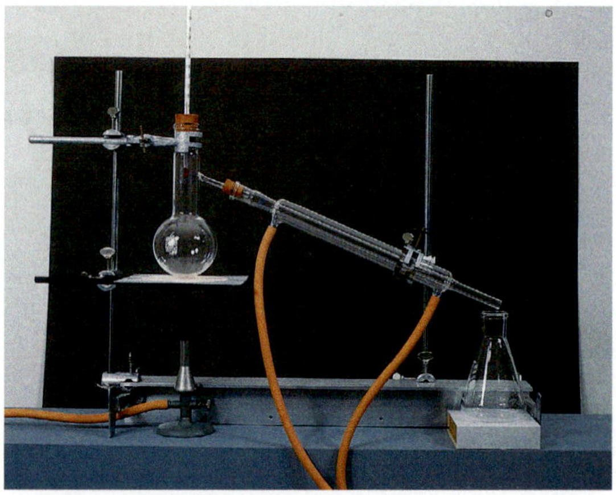

B2 Foto einer Destillationsapparatur

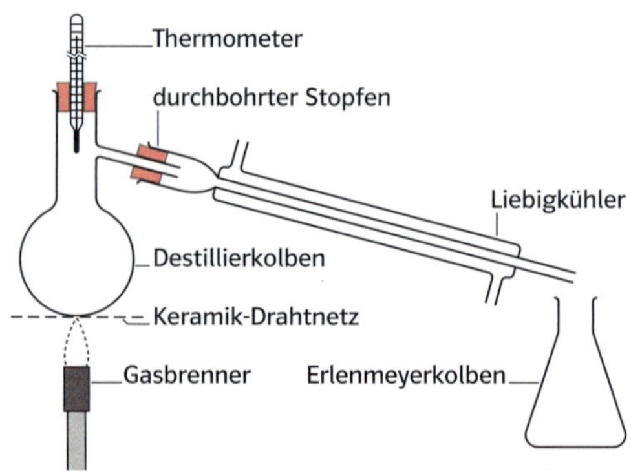

B3 Schnittzeichnung einer Destillationsapparatur

Laborgeräte

So zeichnet man z. B. in einem Versuchsprotokoll:

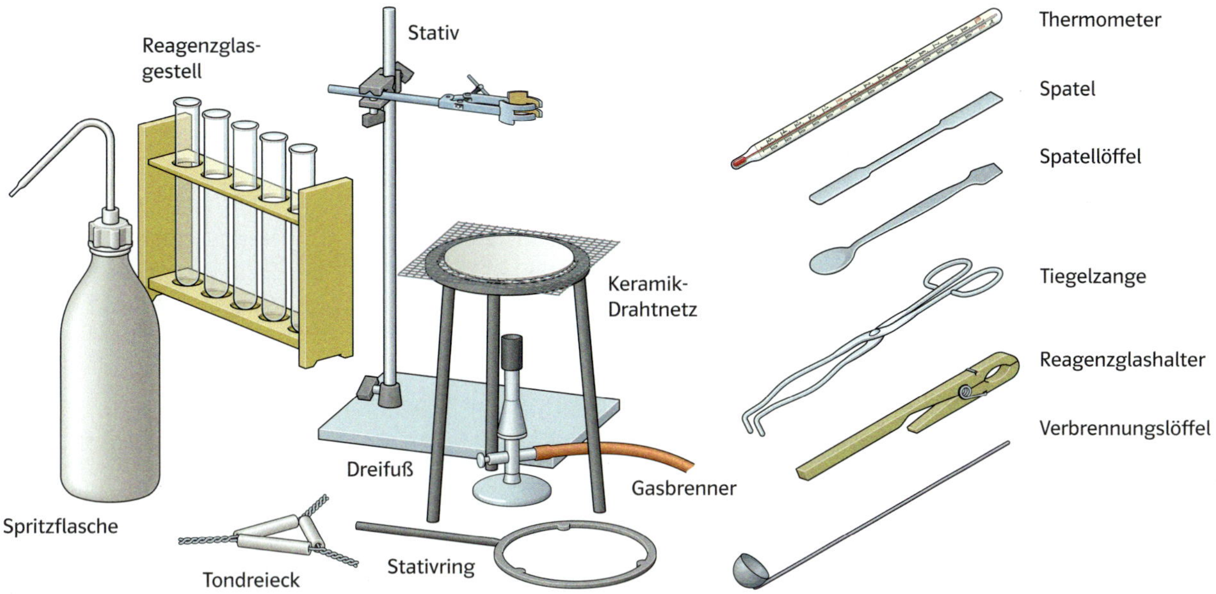

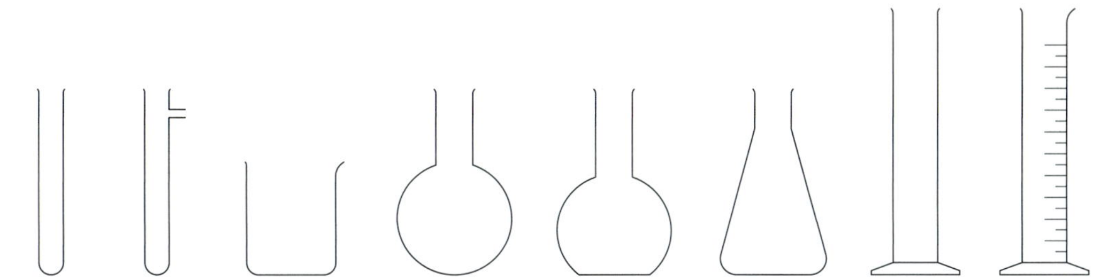

Reagenzglas · mit Ansatz · Becherglas · Rundkolben · Stehkolben · Erlenmeyerkolben · Standzylinder · Messzylinder

Reaktionsrohr · Liebigkühler · Kolbenprober · U-Rohr mit Ansatz · Trichter · Scheidetrichter · Gaswaschflasche · Messpipette · Tropfpipette

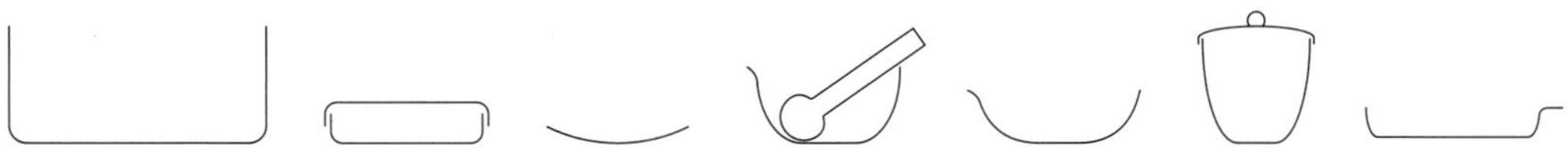

pneumatische Wanne · Petrischale · Uhrglas · Reibschale mit Pistill · Abdampfschale · Porzellantiegel · Porzellanschiffchen

Bilder
Anselment, Peter, Stuttgart, **12.2; 16.2**; Bettina Sommer, Köngen, **64.1**; dreamstime.com, Brentwood, TN (Maxwell De Araujo Rodrigues), **21.1**; Dr. Elke Schumacher, Odenthal, **27.3**; Eberhard Theophel - Autor, Gießen, **64.2**; Edgar Brückl, Griesbach im Rottal, **27.2**; Ernst Klett Verlag GmbH, Stuttgart, **30.3; 61.2; 67.4; 80.10; 86.2**; Getty Images Plus, München, **22.2**; Getty Images Plus, München (E+ / skodonnell), **70.1**; Getty Images Plus, München (E+/Adam Smigielski), **43.6**; Getty Images Plus, München (E+/SolStock), **2.1; 5.1**; Getty Images Plus, München (iSTock/duh84), **36.2**; Getty Images Plus, München (iStock/rzymu), **69.2**; Getty Images Plus, München (iStock/TomekD76), **43.5**; Getty Images Plus, München (Moment/Roberto Machado Noa), **U4**; Getty Images Plus, München (Moment/Tomekbudujedomek), **3.1; 17.1**; Getty Images, München (Cultura/Monty Rakusen), **76.1**; Getty Images, München (Tetra images/Antonio M. Rosario), **79.1**; Getty Images, München (2005 Ulrich Baumgarten), **76.2**; Image Professionals, München (Science Photo Library/E.R. Degginger), **47.1**; Image Professionals, München (Science Photo Library/Martin Dohrn), **42.4**; Image Professionals, München (Science Photo Library/Shields, Martin), **14.10**; Image Professionals, München (Science Photo Library/Turtle Rock Scientific/Science Source), **29.2**; Image Professionals, München (Science Photo Library/Wiersma, Dirk), **43.1**; iStockphoto, Calgary, Alberta (elena moiseeva), **15.2**; iStockphoto, Calgary, Alberta (Vasko Miokovic), **50.2**; Lieber, Dr. Werner, Heidelberg, **42.2**; Markl, Prof. Dr. Jürgen, Gau-Bischofsheim, **82.1; 82.2; 82.3; 82.4**; Mauritius Images, Mittenwald (Martin Baumgärtner), **51.4**; PHYWE Systeme GmbH & Co. KG, Göttingen, **14.1; 14.2; 14.3; 14.4; 14.5; 14.6; 14.7; 14.8; 14.11; 14.12; 14.13**; Picture-Alliance, Frankfurt/M. (Lehtikuva/Ismo Pekkarinen), **81.2**; plainpicture GmbH & Co. KG RF, Hamburg (DEEPOL by plainpicture/Michael Malorny), **U1**; plainpicture GmbH & Co. KG, Hamburg (DEEPOL/Phil Boorman), **8.1**; plainpicture GmbH & Co. KG, Hamburg (Reilika Landen), **3.2; 65.1**; plainpicture GmbH & Co. KG, Hamburg (Thomas Grimm), **76.3**; Rausch, Marion, Linsenhofen, **51.7**; Seilnacht, Thomas, Gwatt (Thun), **26.1; 26.2; 26.3; 26.4**; Seilnacht, Thomas, Gwatt (Thun) (Thomas Seilnacht), **25.2**; ShutterStock.com RF, New York (Andrey_Popov), **31.3**; ShutterStock.com RF, New York (Collective Arcana), **42.3**; ShutterStock.com RF, New York (dashtik), **35.2**; ShutterStock.com RF, New York (FP media), **29.1**; ShutterStock.com RF, New York (Fred Hendriks), **32.1**; ShutterStock.com RF, New York (hxdbzxy), **6.2**; ShutterStock.com RF, New York (Jovan Nikolic), **66.1; 84.1**; ShutterStock.com RF, New York (Kletr), **53.1**; ShutterStock.com RF, New York (Melissa Dockstader), **70.2; 84.2**; ShutterStock.com RF, New York (Onishchenko Natalya), **33.2**; ShutterStock.com RF, New York (Peter Hermes Furian), **20.3**; ShutterStock.com RF, New York (Pixel-Shot), **36.1**; ShutterStock.com RF, New York (Quick Shot), **32.3**; ShutterStock.com RF, New York (Rabbitmindphoto), **14.9**; ShutterStock.com RF, New York (ra66), **30.1**; ShutterStock.com RF, New York (Rohit Seth), **49.1**; ShutterStock.com RF, New York (Sambulov Yevgeniy), **51.8**; ShutterStock.com RF, New York (thumb), **49.2**; ShutterStock.com RF, New York (Valerii_M), **32.2**; ShutterStock.com RF, New York (Volurol), **12.1**; stock.adobe.com, Dublin (Africa Studio), **80.11**; stock.adobe.com, Dublin (airobody), **18.4**; stock.adobe.com, Dublin (Bjorn B), **20.1**; stock.adobe.com, Dublin (djama), **21.2**; stock.adobe.com, Dublin (Eskymaks), **43.9**; stock.adobe.com, Dublin (Ewald Fröch), **72.2**; stock.adobe.com, Dublin (eyetronic), **84.5**; stock.adobe.com, Dublin (Fotofermer), **18.1**; stock.adobe.com, Dublin (Framestock), **36.4**; stock.adobe.com, Dublin (gpointstudio), **38.1**; stock.adobe.com, Dublin (gudrun), **51.3**; stock.adobe.com, Dublin (HandmadePictures), **20.2**; stock.adobe.com, Dublin (KOKALA VIEW), **31.2**; stock.adobe.com, Dublin (l_v_v), **43.3**; stock.adobe.com, Dublin (marcel), **43.8**; stock.adobe.com, Dublin (Maridav), **38.2**; stock.adobe.com, Dublin (Matze), **73.1**; stock.adobe.com, Dublin (murattellioglu), **35.1**; stock.adobe.com, Dublin (nagydodo), **43.4**; stock.adobe.com, Dublin (Nik), **62.1**; stock.adobe.com, Dublin (Nuvola), **33.3**; stock.adobe.com, Dublin (pavelkubarkov), **18.3**; stock.adobe.com, Dublin (philipimage), **84.3**; stock.adobe.com, Dublin (Philipp Schilli), **71.1**; stock.adobe.com, Dublin (PRILL Mediendesign), **84.4**; stock.adobe.com, Dublin (siraphol), **18.5**; stock.adobe.com, Dublin (suthisak), **22.1**; stock.adobe.com, Dublin (Syda Productions), **16.1**; stock.adobe.com, Dublin (Thomas Nattermann), **72.1**; stock.adobe.com, Dublin (tycoon101), **43.7**; stock.adobe.com, Dublin (Udo Werner), **58.1**; stock.adobe.com, Dublin (WavebreakMediaMicro), **6.1**; stock.adobe.com, Dublin (WICHAN SHOP), **31.1**; stock.adobe.com, Dublin (WK), **43.2**; Thinkstock, München (Hemera), **50.1**; Thinkstock, München (iStock / Svetlana_nsk), **37.2**; Thinkstock, München (iStock/Denis Larkin), **18.2**; ullstein bild, Berlin (BSIP/Alice S.), **42.1**; www.panthermedia.net, München (kotomiti), **42.5**; Zuckerfabrik Fotodesign, Stuttgart, **28.2; 32.4; 32.5; 32.6; 33.4; 48.1; 58.2; 58.3; 67.1; 67.2; 67.3; 71.3; 71.4; 85.4**; Zuckerfabrik Fotodesign, Stuttgart (Werkstatt Fotografie), **8.2; 8.3; 8.4**;

Illustrationen
Balonier, Matthias, Lützelbach, **13.1; 19.1; 33.1; 62.2; 82.6**; Ernst Klett Verlag GmbH, Stuttgart, **82.5**; Hormann, Joachim, Stuttgart, **68.1; 68.2**; Lothringer, Cyprian, Leipzig, **9.1; 9.2; 40.1; 40.2; 74.1**; Mall, Karin, Berlin, **10.1; 25.1; 30.2; 34.1; 34.2; 44.1; 44.2; 52.1; 52.2; 54.1; 54.2; 54.3; 54.4; 55.2; 55.3; 56.1; 56.3; 57.1; 59.2; 60.2; 77.1**; Marzell, **81.1**; Marzell, Alfred, Schwäbisch Gmünd, **6.3; 6.4; 6.5; 6.6; 6.7; 6.8; 6.9; 7.1; 7.2; 7.3; 7.4; 11.1; 11.2; 11.3; 11.4; 12.3; 12.4; 15.1; 15.3; 23.1; 24.1; 27.1; 28.1; 33.5; 34.3; 35.3; 36.3; 37.1; 39.1; 45.1; 46.1; 51.1; 51.2; 51.5; 51.6; 53.2; 55.1; 55.4; 56.2; 57.2; 59.1; 60.1; 60.3; 63.1; 66.2; 66.3; 67.5; 69.1; 71.2; 73.2; 73.3; 73.4; 73.5; 73.6; 80.1; 80.2; 80.3; 80.4; 80.5; 80.6; 80.7; 80.8; 80.9; 80.12; 81.3; 83.1; 85.1; 85.3; 85.4; 85.5; 86.3; 87.1**; Menzel, Tom, Scharbeutz/Klingberg, **10.2; 61.1; 77.2**;

Quellennachweis - Periodensystem der Elemente:
Abbildungen (nach Ordnungszahl): 1, 2, 7, 8, 9, 10, 13, 18, 22, 23, 25, 24, 26, 30, 33, 41, 44, 45, 46, 47, 49, 50, 54, 73, 75, 76, 77, 78, 79, 83 Normaldesign Gbr, Maria Becker/Jens-Peter Becker, Schwäbisch Gmünd; 3, 4, 5, 6, 11,12, 15a,15b,16,17, 19, 20, 21, 29, 31, 35, 37, 38, 53, 55, 56, 72, 81 Seilnacht, Thomas, Bern; 14 Getty Images Plus (E+/filonmar), München; 27 Getty Images Plus (iStock/Volodymyr Horbovyy); 28 Getty Images Plus (iStock/vanderkerken); 32 Adobe Stock (Chaimongkol), Dublin; 34 Adobe Stock (Bert Folsom); 36 Getty Images Plus (iStock/Photoman195); 39 Adobe Stock (madscinbca); 40 ShutterStock.com RF (Yut chanthaburi); 42 Getty Images Plus (iStock/YouraPechkin); 48 Adobe Stock (yakabum); 51 ShutterStock.com RF (Sakuoka); 52 Getty Images Plus (iStock/Iaremenko); 74 Getty Images Plus (iStock/tatniz); 80 Adobe Stock (Teeradej); 82 Adobe Stock (Maksym Yemelyanov)

Periodensystem der Elemente

mittlere Atommasse in u — 186,2
Ordnungszahl — 75
Elementsymbol — Re
Elementname — Rhenium

Metalle / Halbmetalle / Nichtmetalle

fest / gasförmig / flüssig

Nebengruppen

	I (1)	II (2)	III A (3)	IV A (4)	V A (5)	VI A (6)	VII A (7)	VIII A (8/9/…	
1	1,0 1 H Wasserstoff								
2	6,9 3 Li Lithium	9,0 4 Be Beryllium							
3	23,0 11 Na Natrium	24,3 12 Mg Magnesium							
4	39,1 19 K Kalium	40,1 20 Ca Calcium	45,0 21 Sc Scandium	47,9 22 Ti Titan	50,9 23 V Vanadium	52,0 24 Cr Chrom	54,9 25 Mn Mangan	55,8 26 Fe Eisen	58,9 27 C… Cobal…
5	85,5 37 Rb Rubidium	87,6 38 Sr Strontium	88,9 39 Y Yttrium	91,2 40 Zr Zirconium	92,9 41 Nb Niob	95,9 42 Mo Molybdän	98 43 Tc $4{,}2 \cdot 10^6$ a Technetium	101,1 44 Ru Ruthenium	102,9 45 R… Rhodi…
6	132,9 55 Cs Caesium	137,3 56 Ba Barium	57–71 Lanthanoide	178,5 72 Hf Hafnium	180,9 73 Ta Tantal	183,8 74 W Wolfram	186,2 75 Re Rhenium	190,2 76 Os Osmium	192,2 77 Ir Iridiu…
7	223 87 Fr 22 min Francium	226 88 Ra 1600 a Radium	89–103 Actinoide	267 104 Rf 1,3 h Rutherfordium	268 105 Db 27 h Dubnium	269 106 Sg 3,1 min Seaborgium	270 107 Bh 61 s Bohrium	277 108 Hs 34 s Hassium	278 109 M… Meitner…

Lanthanoide	138,9 57 La Lanthan	140,1 58 Ce Cer	140,9 59 Pr Praseodym	144,2 60 Nd Neodym	145 61 Pm 17,7 a Promethium	150,4 62 Sm Samarium	152,0 63 E… Europi…
Actinoide	227 89 Ac 22 a Actinium	232 90 Th $1{,}4 \cdot 10^{10}$ a Thorium	231 91 Pa $3{,}3 \cdot 10^4$ a Protactinium	238 92 U $4{,}5 \cdot 10^9$ a Uran	237 93 Np $2{,}1 \cdot 10^6$ a Neptunium	244 94 Pu $8{,}0 \cdot 10^7$ a Plutonium	243 95 A… 7364… Americi…